首都高校生物学野外实习教材

北京山地植物学
野外实习手册

BEIJING SHANDI ZHIWUXUE YEWAI SHIXI SHOUCE

主编 刘全儒 邵小明 张志翔

U0346813

高等教育出版社·北京

内容简介

本书是为北京地区山地植物学野外实习而编写的指导用书。全书共分为6个章节,内容包含:实习的目的和要求、实习组织实施和管理、安全防护常识和实习地点情况简介;各个植物类群标本的采集、制作和鉴定;植物的野外观察方法和手段;实习地点常见藻类植物、大型真菌和地衣、苔藓植物、蕨类植物和种子植物的主要类群与常见种类鉴别;从基本因子的调查到种群、群落乃至生态系统的生态学调查与分析;开展小专题研究的各个环节。本书还配有数字课程,内容包含北京地区实习基地简介、维管植物检索表、植物拉丁文发音教程和野外安全知识自测等,以供教师和学生参考。

本书具有科学性、系统性、实用性强和涉及面广等特点,可供首都各高校相关植物学专业野外实习使用,也可作为其他高等院校相关专业野外实习的教材或中学生物学教师的参考用书。

图书在版编目(CIP)数据

北京山地植物学野外实习手册/刘全儒,邵小明,张志翔主编. —— 北京:高等教育出版社,2014.6
首都高校生物学野外实习教材
ISBN 978-7-04-039970-7

Ⅰ. ①北… Ⅱ. ①刘… ②邵… ③张… Ⅲ. ①山地-植物学-实习-北京市-高等学校-教材 Ⅳ. ①Q94-45

中国版本图书馆CIP数据核字(2014)第115156号

策划编辑 吴雪梅   责任编辑 李 融   封面设计 张 楠
责任印制 韩 刚

出版发行	高等教育出版社	咨询电话	400-810-0598
社 址	北京市西城区德外大街4号	网 址	http://www.hep.edu.cn
邮政编码	100120		http://www.hep.com.cn
印 刷	涿州市星河印刷有限公司	网上订购	http://www.landraco.com
开 本	880mm×1230mm 1/32		http://www.landraco.com.cn
印 张	10	版 次	2014年6月第1版
字 数	300千字(含数字课程)	印 次	2014年6月第1次印刷
购书热线	010-58581118	定 价	22.00元

数字课程（基础版）

北京山地植物学
野外实习手册

主编　刘全儒　邵小明　张志翔

登录方法：

1. 访问 http://abook.hep.com.cn/39970
2. 输入数字课程用户名（见封底明码）、密码
3. 点击"进入课程"

账号自登录之日起一年内有效，过期作废

使用本账号如有任何问题

请发邮件至：lifescience@pub.hep.cn

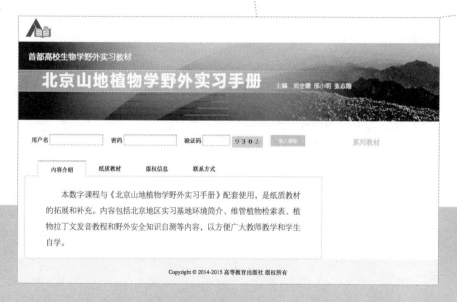

首都高校生物学野外实习教材

北京山地植物学野外实习手册　　主编 刘全儒 邵小明 张志翔

系列教材

用户名　　　　　密码　　　　　验证码　　　9302　　进入课程

内容介绍　　纸质教材　　版权信息　　联系方式

本数字课程与《北京山地植物学野外实习手册》配套使用，是纸质教材的拓展和补充。内容包括北京地区实习基地环境简介、维管植物检索表、植物拉丁文发音教程和野外安全知识自测等内容，以方便广大教师教学和学生自学。

http://abook.hep.com.cn/39970

"首都高校生物学野外实习教材"编委会

《北京山地植物学野外实习手册》编写分工

1　实习的基本知识与准备工作　　　　　　张贵友、王菁兰（清华大学）

2　植物标本的采集、制作与鉴定　　　　　　孟世勇（北京大学）

3　植物的野外观察　　　　　　　　　刘全儒（北京师范大学）

4　植物的主要类群与常见种类鉴别

　　4.1　藻类植物　　　　　　　　　　于明（北京师范大学）

　　4.2　大型真菌和地衣　　　　　孟雷、邵小明（中国农业大学）

　　4.3　苔藓植物　　　　　　　　　　邵小明（中国农业大学）

　　4.4　蕨类植物　　　　　　　　　　张钢民（北京林业大学）

　　4.5　种子植物

　　　　裸子植物　　　　　　　　　　张志翔（北京林业大学）

　　　　被子植物大类检索　　　　　　　刘全儒（北京师范大学）

　　　　被子植物木兰亚纲、金缕梅亚纲、五桠果亚纲

　　　　　　　　　　　　　　　　　　张志翔（北京林业大学）

　　　　被子植物石竹亚纲、蔷薇亚纲　　　李连芳（中国农业大学）

　　　　被子植物菊亚纲　　　　　　　　孟世勇（北京大学）

　　　　被子植物单子叶植物　　王菁兰（清华大学）、刘全儒（北京师范大学）

5　植物生态考察　　　　　　　　　张金屯（北京师范大学）

6　小专题研究　　　　　　　　孟雷、邵小明（中国农业大学）

全书绘图　　　　　　　　　　　　刘全儒（北京师范大学）

序

　　生物学野外实习是高校生物学本科实践教学的重要环节，是学生认知动植物、了解动植物与环境相互关系的重要课堂，实习基地也是培养学生探索生命科学的兴趣和从事科学研究基本素质与能力的重要场所。鉴于近年来能够胜任宏观生物学野外实习的师资、教材及相关的教学资源严重不足，从2005年起，北京大学、北京师范大学、中国农业大学、清华大学和北京林业大学五校就开始搭建跨校的生物学野外实习教学资源共享平台，并在学生中开展了跨校的研究型课题交流和评选活动。2008年由国家自然科学基金委员会立项资助，五校在北京百花山国家级自然保护区、松山国家级自然保护区和烟台海滨联合共建了首都高校生物学野外实习基地，成功实行了跨校联盟教学培养的新型野外实习的教学模式，实现了生物学野外实习优势教学资源的充分整合，有效地提高了五校本科生的科研创新能力及综合素质。实现跨校联合培养的新型野外实习的教学模式以来，实习基地除接待上述五校师生外，还接待了浙江大学、南京大学、四川大学、兰州大学、东北师范大学、东北林业大学、山东大学、中山大学、台湾师范大学等多所高校师生的实习交流。

　　为更有效地发挥教学资源整合的优势，五校联合成立了"首都高校生物学野外实习教材"编委会。结合各自多年的野外实践以及课程和教材建设的经验，在调研国内外同类教材的基础上，由具有丰富野外实习教学经验的教师共同组织编写了《北京山地植物学野外实习手册》《北京山地动物学野外实习手册》和《烟台海滨潮间带无脊椎动物

序

和藻类野外实习手册》3 本实习指导,以及与之配套的《北京地区常见植物野外识别手册》《北京地区常见鸟类野外识别手册》和《北京地区常见昆虫野外识别手册》。这 6 本实习指导和识别手册是以强化对本科生野外实践能力的训练为主线,侧重教学的系统性和实用性。教材不仅适用于本科生的野外实习,对广大中学生物教师开展课外活动也有重要参考价值;对生物学感兴趣的户外活动爱好者来说,这也是一套值得携带的丛书。

郑光美　许崇任
2014 年 2 月于北京

前　言

　　野外实习是植物学教学不可或缺的教学环节。通过野外实习,可以让学生直接面对自然界复杂多样的植物,激发其学习兴趣,开拓视野,扩展知识面,对培养学生观察和发现问题的能力、思考和解决问题的能力以及野外独立工作的能力都是极为重要的。

　　长期以来,北京师范大学、北京大学、清华大学、中国农业大学和北京林业大学 5 所首都高校一直重视野外实习教学,各校根据自己的培养目标,都建立了相应的野外实习模式,也积累了丰富的教学经验和相关素材。借助于国家基础科学人才培养基金(野外实践能力提高)项目,5 所高校开展了全方位的野外实习合作,不仅进行深入的野外实习教学研讨,还互派教师参加野外实习,取长补短、相互借鉴。为了更好地提高野外实习教学的质量,也为了让学生充分利用实习资源,我们在构建首都高校生物学野外实习网站的基础上,开始编撰"首都高校生物学野外实习教材",而《北京山地植物学野外实习手册》正是该丛书之一。

　　本教材共分为 6 个部分。第一部分为实习的基本知识与准备工作,主要介绍实习的目的和要求、实习组织实施和管理、安全防护常识和实习地点情况简介。第二部分为植物标本的采集、制作与鉴定,包括从藻类植物到种子植物各类标本的采集、制作方法,也简介了鉴定工作程序和注意事项。第三部分为植物野外观察,重点介绍了被子植物的野外观察方法和手段。第四部分为植物的主要类群与常见种类鉴别,对实习地点常见藻类植物、大型真菌和地衣、苔藓植物、蕨类植物和种子植物都做了必要的介绍,并编制了相应的检索表,以方便学生练习和查阅。第五部分为植物生态考察,从基本因子的调查到种群、群落乃至生态系统的调查与分析都做了较为详尽的介绍,还包含了相关统计方法,这对没有学过植物生态学的低年级学生来说具有很好的指导作用。第六部分为小专题研究,从小专题的选题、实施、数据分析和论文写作等方面做了系统而简洁的介绍,同时阐述了成果展示的方法、学术讨论的意义和文章发表的规范,对培养学生严谨的科学作风具有极为重要的意义。本书还配有数字课程,内容包含北京地区实习基地简介、维管植物检索表、植物拉丁文发音教程和野外安全知识自测等,以供教师和学生参考。

　　本教材具有科学性、系统性、实用性强和涉及面广等特点,可供首都各高校相关专业植物学野外实习使用。各高校可以根据本校相关专业学生的培养目标和实习目的,选择相关部分使用。本教材也可作为其他高等院校相关专业植物学野外实习的教材或中学生物学教师的参考用书。我们相信,本教材的出版将对首都高校生物学野外实习教学质量的提高起到极大的促进作用。

　　本教材的出版得到了国家基础科学人才培养基金(野外实践能力提高)项目(J1210075)的资助和高等教育出版社的大力协助,也得到了5所高校各级领导的关怀和广大同仁的支持。全书虽经全体作者多次讨论、反复修改和完善,但鉴于内容涉及面广,编者的水平所限,疏漏和不足之处在所难免,竭诚欢迎专家学者和广大师生批评指正。

编　者

2014 年 2 月于北京

目　录

目 录

1 实习的基本知识与准备工作

　　山地植物学野外实习是植物学教学的重要组成部分,它与课堂教学、实验教学紧密联系,是植物学教学中一个不可或缺的环节。植物学野外实习不仅可以使学生巩固所学植物学的理论知识,学习野外工作的技术和方法,培养学生的独立工作能力,还可以使学生更为深刻地认识自然界中植物的多样性,理解植物与环境的关系,激发学生对植物学及相关学科的学习兴趣。因此,野外实习对植物学教学是不可或缺的,其对拓展学生的知识和视野、培养学生运用知识能力乃至创新思维都具有至关重要的作用。

1.1 实习目的与要求

1.1.1 实习目的

　　概括起来,植物学野外实习的目的主要有以下几个方面:

　　(1)巩固和验证课堂上所学植物学基本概念和理论。只有通过野外实习这样的实践活动,才能够使学生在实践中印证课堂所学,扩大知识范围,拓宽知识领域,更好地理解和掌握课堂所学的植物学知识。

　　(2)培养学生分析问题和解决问题的能力。在植物学野外实习中,学生需要学习和掌握诸如运用常用的形态术语描述植物,使用植物分类工具书(植物志、植物检索表等)鉴定植物,编制植物检索表,采集和压制植物标本,制作腊叶标本,小专题调查研究等技能。这些具体的野外实习工作,无疑能让学生在实践中潜移默化地

1

锻炼分析和解决问题的能力。

（3）更好地认识和理解植物与环境的关系。植物所处的环境是各个生态因子的综合，包括光、温度、水、空气、土壤等，这些生态因子并不是孤立存在的，而是相互影响和制约的。环境对植物的影响是各个生态因子的综合作用，且环境与植物之间是相互影响、相互制约的。因此，一个地区的植被特征，就是该地区各个环境因子综合作用的结果。在研究植物与环境的关系时，需要全面综合地考虑各生态因子的影响。因而只有在自然环境中对植物进行观察和学习，才能更深刻地理解两者的关系。

1.1.2 实习内容与具体要求

山地植物学野外实习的内容和要求与所在学校不同而有所差别，但总体上不外乎以下几个方面：①学会标本采集、压制和制作的一般方法；②掌握观察和描述植物的技能，会解剖植物的花和果实，掌握检索表的编制和使用方法；③学会利用检索表、植物志等工具书鉴定植物；④能够识别植物 100～300 种，并掌握重点科、属的识别特征；⑤认识实习地区的植被类型和特点，学会植物生态学野外调查的基本方法。具体要求可根据学校和实习地点的具体情况进行调整。

1.2 预查与业务准备

1.2.1 实习地点和时间的选择

实习地点的选择，直接关系到野外实习的质量。一般而言，实习基地的选择和确定，应遵循以下几条原则：①植物种类丰富；②具有不同植被类型的生态环境，以便通过观察不同植被类型中的代表植物，更好地认识植物和环境的关系，了解植物分布的特征和规律；③交通方便，食宿便利；④人类活动干扰和破坏较少。实习基地的选择应该综合考虑各方面的因素，结合学校的具体情况予以确定。例如华北地区的高校可选择百花山自然保护区、松山自然保护区、雾灵山自然保护区、昆嵛山自然保护区等作为野外实习基地。

实习的时间一般选择在每年的七、八月份,因为此时大多数植物正在开花结实,最适宜于植物的野外观察、标本的采集以及群落学方面的研究。各高校可根据自身的地理位置、专业特色和教学要求来选择实习地点和安排实习时间。

1.2.2 预查

指导教师一般需要在实习前到实习地点进行预查,并提前安排好相关野外实习工作。指导教师需熟悉实习地区的自然环境、植物种类及其分布状况。选择出几条可以突出不同植被特色和生境的实习路线,并对不同路线中的植物种类、生境特征和分布情况进行详细的踏查。同时,对可能遇到的困难和危险做出相应的准备和防范。以此为基础,进一步制定实习计划,确定实习日程,并进行相应的前期安排和准备。

1.2.3 常用工具和仪器设备

野外实习中所需相关工具和仪器设备的类型和数量,需根据实习的目的,实习地区的情况、实习人数的多少和时间长短来确定。实习工具和设备的领取一般以小组为单位,每小组确保有 1 套实习工具,由组长负责,实习结束后统一归还。

植物学野外实习常用工具:

(1)标本夹和吸水纸:用于压制标本,以轻便为宜,大小一般为 46 cm×31 cm。吸水纸用于压制标本时吸收水分,以麻纸或草纸最好,旧报纸也可使用。

(2)背包:较结实的双肩包,用于装载小型采集工具、饮食以及采集的标本。

(3)采集筐或采集袋:用于装新鲜标本。前者一般用于真菌、地衣的采集,后者采集高等植物,可用塑料袋或编织袋代替。

(4)掘根器:用于挖掘具地下特殊根或根茎的草本或灌木。螺丝刀、丁字小镐或小铁铲均可使用。

(5)枝剪和高枝剪:用于剪断木本或有刺植物。高枝剪用来剪高大树木。

（6）手锯：一些粗大的植物需要用手锯才能锯断。

（7）电工刀、小锤子和凿子：用来采集地衣、苔藓以及藻类标本。

（8）镊子、双面刀片和解剖针：大镊子用于采集丝状藻类；小镊子和解剖针用于植物材料的解剖；双面刀片用于植物材料的徒手贴片。

（9）饭盒或塑料盒：用来盛装真菌标本。

（10）塑料广口瓶：用来采集藻类标本及固定植物花果材料。

（11）浮游生物网：常用 25 号绢网，用来采集浮游藻类。

（12）卷尺：常用 50 m、30 m、5 m 和 2 m 前 2 种用于样方调查（传统上常使用样绳），后 2 种用于测量树木胸径及植物高度。

（13）测高杆：用来测量树木的高度。

（14）采集记录本、号牌：采集记录本用于在野外采集时记录植物的产地、生长环境、突出特征以及初定名称等，具体式样见采集记录签。号牌使用较硬的纸，裁剪成 2 cm×4 cm，一端穿孔，以便穿线系到标本上，其式样如下（正、反面）：

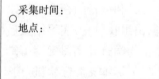

（15）台纸：用于标本制作，以厚的卡片纸为佳，大小为 41 cm×30 cm。

（16）常用文具：铅笔、小刀、橡皮、样方调查记录表、米尺等，主要是用于记录。

（17）常用仪器设备：照相机、放大镜、体视镜、显微镜、GPS、罗盘、土壤水分快速测定仪（TDR）、手持式小型气候仪、叶绿素仪、便携式 pH 仪、测高仪、小型扩音器等。

1.3 实习的组织、实施与管理

1.3.1 实习动员

野外实习前,必须对学生进行统一的动员工作。动员的目的有以下几方面:①强调实习纪律。由于野外实习过程中存在一些潜在的不安全因素,只有具备高度的组织性和纪律性,才能保证实习工作的顺利进行。②向学生介绍实习目的、要求和计划等方面的内容,让学生对实习基地的基本情况、实习的路线和时间、实习的注意事项等有所了解,并督促使学生做好实习前的准备工作。③介绍实习的组织和分工,包括指导教师及其分工安排、随队医生、辅助人员等。

1.3.2 实习安排

野外实习应在教师的指导下有计划地进行,指导教师需提前拟定好实习计划和具体日程。植物野外实习大致可分为以下五个主要环节进行:

(1)植物标本的采集和压制。本环节主要是植物学基本功的训练,包括植物的观察、描述、绘图、标本采集、野外调查和记录、标本压制等。

(2)常见植物识别和鉴定。对实习地常见植物识别,可通过教师介绍或在教师指导下学生自己检索,要求掌握常见植物科、属、种特征。各校可根据实习目标,设定识别常见植物的数量。也可要求学生利用若干种植物进行检索表的编制训练,如编写 10~30 种植物的分种检索表。此环节一定要训练学生利用植物志、植物检索表等工具书对未知植物进行鉴定。

(3)植物与环境关系调查、观察。使学生掌握植物与环境调查的基本方法,如样方调查。通过从低海拔到高海拔的线路考察,使学生了解植物和植被在不同海拔的变化,建立植被垂直分布的概念。

（4）小专题研究。植物学野外实习中的科研训练主要是通过小专题研究来实现。小专题研究一般以小组为单位进行，并按照要求完成研究数据分析、撰写专题论文，最后要进行小专题研究汇报。

（5）实习考核与总结。实习考核可通过以下几方面进行评定：①各小组所制作的腊叶标本；②野外小专题研究论文及原始数据；③群落调查分析；④垂直分布观察报告；⑤鉴定植物的技能；⑥识别植物；⑦个人实习总结；⑧实习报告会等。各校可以根据目标和要求自行设定。

1.3.3 实习时应注意的问题

1. 充分发挥教师的主导作用

在野外实习中，教师是保证实习顺利进行和取得实习效果的关键，充分发挥其主导作用对提高实习质量极为重要。教师要充分利用野外丰富多彩的植物种类，调动学生学习的积极性，特别注意启发和引导学生多看、多想、多问、多记、多动手。多看，即认真观察和比较各种植物的主要特征；多想，将看到的植物和现象进行比较和整合，将其提高到理论层次；多问，是引导学生在实习过程中遇到不懂的问题，及时请教指导教师或借助相关文献资料，如工具书、教材、专著、论文等予以解决，有网络条件的还可通过上网查询相关资料；多记，则是强调学生要将教师重点讲解的植物特征、环境特点、植被类型等通过文字、草图形式简明扼要地记录下来；多动手是指学生在教师的指导下积极主动采集标本，整理和压制植物标本，解剖植物的花果，进行植物的检索训练；积极学习相应的野外调查方法和相关仪器设备的使用。此外，教师在实习的不同阶段应有不同的工作重点，实习工作的第一阶段重点应该放在复习、巩固和扩展课堂知识以及野外实习基本技能的训练上；第二阶段应在前面阶段的基础上开展小专题的研究，这一阶段注重发现问题和解决问题的思路及方法；第三阶段着重于对野外实习工作进行总结，包括小专题数据分析、写作；相关调查的总结等。以这种循序渐进的方式开展实习，对提高学生学习质量和培养学生的独立思考与工作能力都是十分重要的。

2. 分阶段做好学生思想工作

做好思想工作是圆满完成野外实习的重要保证,指导教师应根据每一阶段的具体情况,确定该阶段思想工作的中心内容。如在准备阶段,思想工作主要集中在明确实习的目的和要求;在野外现场实习和专题研究阶段,则需要了解实习过程中学生的情绪变化,随时解决实习中出现的问题和困难;实习结束时,学生容易出现松懈情绪,此阶段则应结合实习考核和总结的要求,引导学生认真做好实习总结工作。

3. 做好室内复习巩固

野外现场讲解和植物标本采集是植物学实习的重要部分,但做好室内复习、巩固则是野外实习中另一个重要方面,是学生植物学知识的扎实巩固和系统化的重要保证。因此,制定实习计划时就需根据实习路线和地点的不同,安排半天室外、半天室内,或第一天室外、第二天室内。室内工作与室外考察交叉安排,对于学生复习、巩固所学知识,培养学生分析和解决问题的能力极为有利。室内工作一般包括标本整理,花的解剖观察、描述,植物的检索鉴定和检索表的编制等。这些室内学习、实验、观察、讨论与总结是必不可少的。另外,要注意观察、思考环境与植物的关系,注意野外仪器设备的使用方法及用途,及时总结、归纳。只有这样,才能使学生野外实习获得明显成效。

4. 严格抓好安全教育,做好安全保障

安全教育和安全保障工作在实习中始终是重中之重的问题。为确保学生野外实习安全,必须经常向学生强调相关的安全纪律及做好相应的安全防护措施,特别是在爬山、采集标本、相关观察与调查以及进行小专题调查时应注意的安全问题。要求学生一定要听从指挥,严格遵守实习纪律,坚决杜绝违反实习组织纪律的行为,保证野外实习任务的顺利完成。特别是要禁止个别学生脱离实习队伍独自行动,未经允许擅自离队,或擅自前往悬崖、峭壁、陡坡、急流等危险区域等违反实习纪律的行为。

5. 做好实习总结

实习总结应从业务和思想两个方面,对整个实习工作进行全面

的总结和评定,对取得的成绩和存在不足进行全面的分析。通过总结,将实习取得的成果全面反映出来,可以采用报告会或展览会的形式,将同学们制作的标本、小课题研究成果以及丰富多彩的实习生活展示出来。这样的总结方式,既能全面反映实习成绩,又是一次生动而系统的复习巩固。

1.4 安全防护常识

由于植物学野外实习的特殊性,为确保实习的顺利进行,维护实习期间正常的教学秩序,保证师生的人身和财产安全,必须预防和杜绝各类事故的发生。为此,首先应以预防为主,必须加强野外实习纪律教育和安全教育,完善野外实习日常管理制度,提高师生的安全意识。其次,必须对可能出现的事故有所准备,以备在事故发生时能及时有效处理,最大程度地降低损失和危害。如有条件,可随实习队伍配备专业医务人员。

1.4.1 擦伤

野外实习中,发生擦伤是最常见的。一般来说,小面积擦伤可用碘酒涂抹消毒,一般没有必要包扎,但一定要注意保持伤口清洁干燥,伤口不要浸水。对于大面积擦伤,可用双氧水冲洗,若创面有泥土、沙粒等嵌入皮肤,需要用消过毒的毛刷将其轻轻刷出,待创面清洁后,用消毒纱条覆盖,再用绷带包扎。关节附近的擦伤无论大小,最好予以包扎,因为关节经常活动,伤口易发生感染。必要时可以再敷用些红霉素软膏预防感染。如果出现化脓,一定要去医院处理。

1.4.2 扭伤

扭伤是由于关节过猛的扭转而撕裂附着在关节外面的关节囊、韧带和肌腱造成,常见于踝关节、手腕等。发生扭伤后应先就地休息,然后在扭伤几分钟之内进行冷敷(所带凉开水、就近取得的泉水、池塘水、井水等,切记不要热敷),最简单的办法是用凉水浸湿毛巾敷在扭伤脚的部位,冷敷时间一般在半个小时。然后用绷带包扎,回住地休息,严重时须前往医院就诊。扭伤过 24 小时之后就可以热敷,每天两次,每次在 20 分钟即可。还可以外用跌打损伤药物,比如外涂红花油、活络油、云南白药喷雾剂、活血止疼酊之类的外用药物。外用药物最好是在受伤一到两天之后使用。

1.4.3 出血

小伤口的出血一般只需用消毒纸巾将伤口周围清理干净,用创可贴包扎即可,也可以用清洁水或生理盐水冲洗干净,盖上消毒纱布、棉垫,再用绷带加压缠绕。在紧急情况下,任何清洁和合适的东西都可以临时用做止血包扎,如手帕、毛巾、布条等,止血后应及时通知校医或送往附近医院处理。出现大量出血,如静脉出血或动脉出血,首先要打 120 急救电话,电话通知带队教师和校医,同时尽可能设法止血,原地等待救援。

1.4.4 骨折

当发生骨折事故时,首先电话通知带队教师和校医,打 120 急救电话救援。为减轻断骨对周围组织的损伤,利于骨折的愈合,同时为了减轻伤者的痛苦,在送伤者去医院前,应对骨折部位进行必要的固定。骨折时,局部红肿,疼痛剧烈。如果伤后怀疑已骨折,应按照骨折处理,以免引起更严重后果。骨折伴有开放伤口或出血时,应先止血、消毒和包扎伤口,然后再予以固定。固定所用的夹板可因地制宜,如书刊、纸板、木棍、树枝等。固定夹板的绷带可撕破衣服成条替代。上肢骨折可用木板等材料先将胳膊固定,然后再将骨折的胳膊与身体绑在一起,不宜太紧,以保证血液流通,若是有合适的夹板材料,也可不与身体绑在一起,但必须固定好骨折部位的上下关节。腿部骨折需将伤肢拉直,夹板放在腿内外侧,也可用伤员未受伤的腿充当夹板,需在关节处垫好棉花,然后用绷带固定。脊椎骨折往往十分严重,严禁不经固定而乱搬动,应及时打 120 急救电话,原地等待救援。

1.4.5 毒蛇咬伤

植物学野外实习多在夏季,这也是毒蛇活动频繁的季节。毒蛇咬伤必须以预防为主。因此,在实习过程中,必须做好个人防护,野外实习时应穿坚厚的鞋袜、长袖衣裤,一定要扎好绑腿,在草丛中行走时最好手持一根木棍,边前进边拨动草木,起到"打草惊蛇"的作用。

一旦被蛇咬伤,必须立即处理,并及时通知带队老师及校医。处理毒蛇咬伤的主要目的是阻止毒液进一步向体内扩散。因此,首先需安慰被咬者,使其镇定,让其放松。应立即冲洗残留在皮肤上的毒液,有肥皂水最好,用绳子、布条等类似物品,绑紧伤口上方近心端,避免毒液随着血液进入人体。一般被毒蛇咬伤,会出现以下特征:伤口处有 1~4 个斑点,伤口周围明显肿胀及疼痛或麻木感,局部有瘀斑、水泡或血泡,全身症状也较明显。若为无毒蛇所伤,则按一般外伤处理即可;若为毒蛇所伤,在结扎伤口近心端后,可将伤处置于凉水中(如浸入小河中),如能冰镇伤口最好,有条件的话,可内服、外敷蛇药,并尽快将被咬者送入医院治疗。

1.4.6 蜂类蜇伤

避免蜇伤最好是不要招惹这种小动物,特别是不要捣毁蜂巢。一般来说,被蜂蜇伤后,轻者伤处中心有瘀点的红斑、丘疹或风疹块,有烧灼感及刺痛。如蜇伤 20 分钟后无症状者,一般可自行消退。被蜜蜂蜇伤后,需先剔除断刺,并用弱碱性液体如 3% 氨水、5% 苏打水、肥皂水等涂抹伤口,也可用蛇药、新鲜的紫花地丁、半边莲等捣烂外敷。症状严重者,或对蜂毒过敏者,应立即送往医院处理。

1.4.7 中暑

野外实习时,运动量较大,若遇上炎热天气,容易发生中暑。中暑的主要症状为疲劳、头痛、恶心、呕吐、出汗减少甚至停止排汗、心跳减速、皮肤发热发干、部分意识丧失。发现有人中暑以后,应及时将其移至荫凉处,解开衣服,用凉水降温,并少量喂水或淡盐水,同时可服用"藿香正气水(丸)"。严重者经校医同意送医院治疗。

1.4.8 晕车

晕车应以积极预防为主,在乘车前不宜过劳,前夜睡眠要好;乘车前进食不宜过饱或过饥;容易晕车的同学可坐在汽车前部,这样可以减轻颠簸,同时打开车窗,使通气良好。经常晕车者上车前半小时可服用晕车药。上车后不要紧张,注意保持精神放松,可闭目养神,也可以找人聊天、听音乐等,以分散注意力。

1.4.9 迷路

由于山区地形复杂,而学生对当地环境又极不熟悉,无组织、无纪律的行为可能会导致学生迷路走失。因此,植物学实习中,教师需经常强调野外实习的组织纪律问题,并保持警惕,做好组织管理工作。学生的各类外出活动,包括标本采集、小专题研究等,都需得到指导教师的许可,坚决不允许单独行动。

当发现自己迷路时,应先保持冷静,不要慌张,如果手机有信号,应立即拨打电话求救,告知自己所在位置的特征,在原地等待救援,并注意保持手机电量,方便救援人员寻找,切忌乱走。若没有手机信号或没电,则应尽可能地寻找公路、村庄等求救,切忌乱走,可沿途设置标记,方便救援人员寻找。特别需要注意的是,万一要在野外过夜,一定要在天黑前找好过夜地点,切不可走夜路!通常过夜地点选择有前有开阔地、后有山坡或岩壁之处(岩壁要注意观察是否稳定),有条件的应该收集些干枯木材或草,到夜晚生火,既可取暖又可防兽(该法在不得已时而用之,因容易引起森林火灾)。如果寒冷,也可收集草叶等盖于身体上以御寒。如果教师发现有学生走失,应尽可能与走失学生取得联系,并组织其他学生进行搜救。如有可能,可寻求自然保护区或林场工作人员、当地村民等熟悉当地自然环境人员协助搜救工作。

1.4.10 雷击

实习中遇到雷雨天气,应尽量避免外出活动。如果在野外调查途中遇到雷雨,距离驻地较近时应迅速回到室内;距离较远时,则就近在山间或山崖下避雨。雷雨期间,应关闭手机和 GPS 定位导航仪等,不能打伞,不能站在树下,随身金属物品应尽量远离身体适当保存。

万一有雷击现象发生,应使伤者就地平卧,进行人工呼吸和心脏按压,并立即送往医院急救。

1.4.11 溺水

野外实习过程中,需要在河流、湖泊、池塘边采集植物标本时,应特别注意安全,以防落入水中,发生溺水事故。植物实习中,严格禁止私自下水游泳,以防事故发生。若发生溺水,溺水者应保持冷静,不要慌张。同时要仰面,头顶向后,口向上方,努力使口鼻露出水面进行呼吸,呼气浅而吸气深。注意不可将手上举或挣扎,这样反而会加速下沉。水性好的教师或同学应立即下水救人,救人者应从其背后用左手握其右手或拖住头,用仰泳方式拖向岸边,也可从其背部抓住腋窝推出。不会游泳者切忌下水救人,也不可用手直接拉溺水者,以防被溺水者拖入水中,而应在现场找一根竹竿或绳索,让溺水者抓住,并将其拖上岸。在施救的同时,应及时发出求救信号,以取得在附近的师生和临近居民的帮助。

将溺水者救出以后,应立即清除其口、鼻内的污泥、水草等杂物,保证呼吸畅通。牙关紧闭者需用力按捏其两侧面颊使之启开。当溺水者呼吸微弱或已停止时,应及时进行人工呼吸和心脏按压,同时需要予以保暖。然后立即送往医院抢救,同时注意在将溺水者送往医院的途中不能停止人工呼吸和心脏按压。

1.4.12 食物中毒

在植物学野外实习中,教师应向学生强调不能随意采食野果、野菜、野蘑菇等,以免误食有毒植物、菌类而发生食物中毒。万一有食物中毒现象发生,应立即对中毒者进行催吐,将有毒食物呕出,并尽快送往医院治疗。同时需弄清中毒食物来源,将剩余食物、必要时连同呕吐物予以保存一起带往医院。

此外,还应对实习基地的日常饭菜质量予以重视,要保证食材新鲜,卫生条件良好。同时避免食用不能确定来源的野菜、野蘑菇等,以确保实习期间饮食安全。

1.5 实习基地自然环境概况

1.5.1 百花山自然保护区简介

百花山自然保护区位于北京市门头沟区清水镇境内,地理坐标为 115°25′E ~ 115°42′E,39°48′N ~ 40°05′N,辖区内包括百花山、白草畔、张家铺、草子峪、龙王台岭、双涧子、小龙门、东灵山等。保护区总面积为 27 734.1 hm^2。境内东灵山海拔 2 303 m,为北京市最高峰。

百花山自然保护区在地质构造上位于华北陆台中部的燕山沉降带。由于褶皱、断裂和抗升以及外营力侵蚀切割作用,形成了当前的山地景观。地层岩性主要有寒武纪和奥陶纪的石灰岩,侏罗纪的砂岩、页岩和砾岩,以及侏罗纪和白垩纪的火山岩、花岗岩等。

百花山自然保护区地处亚高山地带,属中纬度温带大陆性季风气候,垂直变化明显,昼夜温差大,气温偏低,降水量较多。年降水量在 450 ~ 720 mm,集中于夏季。年均温 6 ~ 7℃,年积温≥3 800℃,全年无霜期 110 天左右。

百花山自然保护区属海河水系,是永定河域清水河的源头,水资源丰富,在水源涵养方面有重要的作用。

本区土壤形成与分布规律中,起主要作用的是海拔高度及其所决定的生物气候特点、地形和地质因素。生物气候因素决定了本区土壤的形成与垂直分布。沿海拔梯度,主要的土壤类型有:①亚高山草甸土:在海拔 1 800 m 以上的山地顶部,气候冷湿,植被为根系密集的亚高山草甸。②山地棕壤:在海拔 1 000 ~ 1 800 m 的中山地带,气候温凉,植被以森林及其次生灌丛群落为主。③地带性土类褐色土:分布于海拔 1 000 m 以下的低山地带,气候温和,由于森林遭破坏,植被以落叶灌丛为主。

百花山自然保护区植物资源丰富,共有高等植物 136 科 517 属 1 208 种(包括亚种、变种和变型)。其中,苔藓植物 26 科 64 属 157 种,蕨类植物 13 科 21 属 38 种,被子植物 97 科 432 属 1 013 种;另外,仅小龙门林场就有大型真菌 2 亚门 7 目 20 科 47 种。

本区主要植被类型包括蒙古栎林、桦木林、山杨林、油松林和华北落叶松林等多种森林和广泛分布的如荆条灌丛、绣线菊灌丛、榛灌丛等多种灌丛,以及中海拔的杂草类草甸和高海拔的亚高山草甸等草甸类型。受海拔高度的影响,本区的植被成一定的垂直分布:

(1)低山落叶阔叶灌丛带。分布于海拔 400~1 000 m 左右,土壤以褐土为主。原生植被已不复存在,现有植被以荆条灌丛为主,此外,绣线菊灌丛、胡枝子灌丛、榛灌丛、山杏灌丛、山桃灌丛、杂灌丛也极为常见。

(2)中山落叶阔叶林带。分布于海拔 1 000~1 900 m,土壤以山地棕壤为主。其中海拔 1 000~1 600 m 以蒙古栎林以及混有蒙古栎的落叶阔叶混交林为主,此外还有山杨林、棘皮桦林、核桃楸林等;海拔 1 600~1 900 m 则主要以白桦林、硕桦林、棘皮桦林分布为主。此外,华北落叶松和油松人工林均分布于本带。

(3)亚高山草甸带。该植被带分布于海拔 1 900 m 以上,主要在海拔较高的山顶或山坡上部出现,以亚高山草甸为主,也有鬼见愁灌丛、金露梅灌丛等亚高山灌丛分布其中。

1.5.2 松山自然保护区简介

松山自然保护区位于北京市西北部延庆县境内,地处燕山山脉的军都山中,属于海陀山的一部分,地理位置为 115°38′E~115°39′E,40°32′N~40°33′N,主峰大海陀山海拔 2 242 m,为北京地区第二高峰。

本区在地质构造上亦属华北陆台中部的燕山沉降带。地层岩性主要有中性喷出岩和花岗岩。山地由于差异性的抬升运动及河流下切,形成峡谷、宽谷和阶梯状上升的陡峻山岭。

松山地区位于暖温带大陆性季风气候区,受地形影响,与延庆盆地相比,气温偏低,湿度偏高,形成典型的山地气候,是北京地区的低温区之一。年平均气温 8.5℃,最高气温 39℃,最低温 −27.3℃,

年平均日照 2 836 小时,无霜期 153 天,年降水量 493 mm。

本区属海河水系,是永定河流域妫河支流佛峪口河的源头,水资源丰富,泉水较多。本区土壤随着海拔高度的变化,分为 3 种类型:①山地褐色土:分布于海拔 1 200 m 以下的阳坡和 900 m 以下的阴坡,可分为 3 个亚类:分布于切割沟较多的深山沟谷的石灰性褐土;分布于山麓地带的典型褐土;分布于山地中段的淋溶褐土。②棕色森林土:分布于海拔 1 200 ~ 1 800 m 的阳坡和 900 m 以上的阴坡,在 1 800 m 的林缘草甸植被下发育了生草棕壤。③山地草甸土:分布于海拔 1 800 m 以上的山地草甸和灌丛植被下。

松山植物资源亦较为丰富,有高等植物 133 科 442 属 828 种,其中苔藓群落种类隶属 28 科 62 属 115 种,其中苔类 6 科 6 属 6 种,藓类 22 科 56 属 109 种,蕨类植物 14 科 18 属 26 种,裸子植物 3 科 4 属 5 种,被子植物 88 科 358 属 682 种。本区还有大型真菌 2 亚门 3 纲 6 目 23 科约 55 种。

区内保存着华北地区唯一的大片天然油松林,以及保存良好的核桃楸、椴树、白蜡、榆树、桦木等树种构成的阔叶林。受海拔高度影响,区域内的植被亦表现出垂直分布现象:

(1) 低山落叶灌丛带。分布于海拔 500 ~ 1 000 m 左右,植被以山杏灌丛、荆条灌丛等为主。

(2) 针叶林与针阔叶混交林带。分布于海拔 1 000 ~ 1 500 m,以油松为主。

(3) 落叶阔叶林带。分布于海拔 1 000 ~ 1 900 m 左右。其中以蒙古栎林为主,此外还有大果榆林、山杨林、棘皮桦林、杂木林等;棘皮桦林的分布海拔可至 1 950 m。

(4) 山顶草甸带。分布于海拔 2 000 m 以上。

2 植物标本的采集、制作与鉴定

植物标本是植物分类学、系统与进化生物学、生态学以及其他植物学相关领域进行科研与教学必备的实物资料和凭证。此外在植物识别以及植物学教学中,植物标本也起了很重要的作用。

植物标本的类型很多,最常见的是腊叶标本和浸泡标本。腊叶标本是用干燥法使植物脱水,从而达到永久保存的目的。目前各大标本馆主要以保存腊叶标本为主,也有一些浸泡标本,二者互为补充,但是前者应用更普遍,本书亦主要介绍腊叶标本。

2.1 植物标本的采集

植物标本的采集根据不同的目的,其方式也会不一样,如具有普查性质的采集是将整个地区的所有植物都进行采集,而专科、专属或特殊目的的采集则是对某一类具有某种共同特征的植物进行有选择的采集。无论是哪种采集方式,都需要进行精心的准备,要对采集对象和采集地区的生境有足够的了解,要对野外采集的不安全因素也有充分的考虑。准备越详细,野外采集时就会越顺利。到深山老林里采集要特别注意安全,既要防范野兽和毒蛇,也要防止不小心造成的摔伤或迷路。采集时一定要带上蛇药和防护工具,不要一个人行动,要两三人同行。

一份标准的标本应该包括:①具有重要形态鉴别特征,如被子植物要有花或果等;②标本上应具有号牌或编号,上应写上采集人和采集号;③与采集号所对应的一份关于标本的详细记录,包括采集时间、采集地点、采集人、采集号、海拔、GPS 位点,以及标本干燥后容易丧失的特征,如花的颜色、茎叶中的乳汁等。这份记录越详细对以后的研究帮助越大,这份标本的价值也就越大。

2.1.1 种子植物标本的采集

一份合格的种子植物标本应该是能代表该种植物的带花果的枝条或全株,大小在长 40 cm、宽 30 cm 范围内。其步骤如下:首先用枝剪采带花或果的枝条或用小铲子全株采下,然后挂上号牌,做好详细记录,最后把标本稍加修整,然后夹入吸水纸中压好,在野外可以将同采集号的几份标本暂时夹在一起。也有人先将标本放在采集袋,拿回驻地后再夹入吸水纸中压好。

具体在采集种子植物标本时还应注意以下几点:

(1)必须采集完整的标本。除采集植物的营养器官外,还必须具有花或果实。

(2)采集草本植物,应采带根的全草。如发现基生叶和茎生叶不同时,要注意采基生叶。高大的草本植物,采下后可折成“V”或“N”字形,然后再压入标本夹内;也可选其形态上有代表性的剪成上、中、下三段,分别压在标本夹内,但要注意编同一个采集号,以便鉴定时查对。

(3)乔木、灌木或特别高大的草本植物,只能采其带花或果的植物体一部分。但必须注意采集的标本应尽量能代表该植物的一般情况。如可能,最好拍一张该植物的全形照片,以补标本不足。

(4)水生草本植物,提出水面后,很容易缠成一团。可用硬纸板从水中将其托出,连同纸板一起压入标本夹内。

(5)对一些具有地下茎(如鳞茎、块茎、根状茎等)的科属,如百合科、石蒜科、天南星科等,在没有采到地下茎的情况下是难以鉴定的,因此应特别注意采集这些植物的地下部分。

(6)雌、雄异株的植物,应分别采集雌株和雄株,以便研究时鉴定。

(7)有些植物,一年生新枝的叶形和老枝上的叶形不同,或者新生的叶有毛茸或叶背具白粉,而老叶则无毛,如毛白杨的幼叶和老叶,因此,幼叶和老叶都要采。对一些先叶开花的植物,采花枝标本后,待出叶时应在同株上采其带叶和结果的标本(但要压制成非同号标本)。有些木本植物的树皮颜色和剥裂情况是鉴别种类的依据,因此,应剥取一块树皮附在标本上。如桦木属的一些种。

(8)寄生植物应注意连同寄主一同采下。并要分别注明寄主和寄主植物,如桑寄生、列当等标本的采集。

(9)标本采集量根据需要确定,一般采 2 ~ 3 份,给以同一编号,每个标本上都要系上号牌。一般来讲,草本植物在同一居群(在同一个小地点)采集的标本编一个号;木本植物最好将采自同一棵树的标本编一个号。定人采集最好连续编号。标本除自己保存外,对一些疑难的种,可将其中同一号的一份送相关研究机关,请代为鉴定。野外实习的标本一般每小组采集 1 份,杜绝破坏性采集。一些植物被列入国家保护植物或珍稀濒危植物,应注意加以保护。

(10)作好野外记录。在采集过程中,植物的气味、汁液、花果的颜色等特征在新鲜时会非常明显,但是这些特征干燥后可能就会消失或变化。而植物的产地有助于我们下次能准确找到,采集日期对于物种的鉴定很重要,有时候很相似的两个种因为花期不一样而被分开。由此可见,野外记录对于标本的鉴定和研究非常重要,一份标本价值的大小,常以野外记录详细与否为标准。因此,在野外采集标本时,应尽可能的随采、随记录和编号,以免过后忘记或错号等。野外记录的编号和号牌上的编号要一致。回来应根据野外记录笺上的记录,如实地抄在固定的记录本上,作为长期的保存和备用。定人采集在野外编的号应一贯连续,一般不因改变地点和年月,就另起号头。

采集记录签大小一般为 10 cm × 14 cm,具体样式如下:

植 物 标 本 室

采 集 人	采 集 号	
采集时间		
产　　　地		
生　　　境		
地理坐标	N	E
海　　　拔	性　　　状	
体　　　高	胸高直径	
树皮/茎干		
叶		
花		
果　　　实		
中 文 名	俗　　　名	
科　　　名		
学　　　名		
附　　　记		

2.1.2 孢子植物标本的采集

孢子植物包括蕨类植物、苔藓植物、藻类植物、菌类植物、地衣等,这五类植物之间形态差别较大,在鉴定中依据的侧重点也不相同,因此不同的类群也需要不同的采集方法。

（1）蕨类植物标本的采集:在蕨类植物的分类中,孢子囊群的结构、形状、排列方式、叶的形状、根、茎以及茎上的鳞片具有重要的作用,所以在采集时,要尽量把各部分都采全。采集方法和种子植物差不多。蕨类植物多为草本,大多数种类都要挖根,采全株,包括带着孢子囊和根茎,不然就不容易鉴定种类。如果植株太大,可以按照采集草本植物一样把植株折成"V"或"W"形,或采集叶片的一部分(但要包括尖端、中脉和一侧的一段),叶柄基部和部分根茎,同时认真记下植物的实际高度、宽度、羽片数目和叶柄的长度并挂上采集号牌。

(2)苔藓植物标本的采集:由于苔藓植物大多体型很小,生长在各种基质上,如土壤、岩石、树干、叶等基质,因此采集工具主要是微型铲(或砌铲)、小刀。采集时,要连带一些基质部分一起采集,有孢子体的一定要采集带孢子体的植株。在树干、树枝及叶上生长的苔藓植物,要连树皮、枝条及叶片一起采下。有的苔藓植物几个种混生在一起,在采集时应尽力做到每份标本一个种,分开采集,分开编号。所采集的苔藓植物,要用用纸袋或信封装好,在纸袋或信封上记录采集人、采集时间、采集地点、基质、采集号等,并在记录本上详细记录生长环境等特征,条件允许时尽可能拍下照片。

(3)藻类标本的采集:山地藻类一般都非常微小,主要生长在沟谷的溪流或水塘中以及潮湿的岸边泥土表面和树叶上,种类很少。因此对于山地藻类的采集主要是将各种类型的水、土壤和树叶等不同基质分别采到不同的小塑料瓶中,如不立即观察,需用固定液(鲁哥氏固定液或甲醛固定液)进行固定保存。然后贴上标签,包括采集地点、生长环境、采集时间、采集人、采集号等信息,在采集记录本上详细记录生长环境。

(4)大型真菌标本的采集:大型真菌的采集方法应视其质地和生长基质而有所不同,对于地生的菌类,可用掘根器采集;对于树干或腐木生的菌类,可用采集刀连带一部分树皮采下,有些可用手锯或枝剪剪去一段带菌的枝条。采集时要注意保持标本的完整性,同时要做好记录,并在采集前拍照。采集的标本要按照不同的质地进行适当包装,以免损坏。肉质、胶质、蜡质和软骨质的标本需用光滑的纸做成漏斗形纸带包装,把菌柄向下放入纸带,并放入号签包好,然后放入采集桶或筐内。稀有、小或易碎标本可包好后放入硬纸盒或塑料瓶中,以免损坏;木质、栓质、革质和膜质等的标本,采集后可用旧报纸将其和号牌一起包好即可。

(5)地衣标本的采集:采集地衣亦需根据不同生境和基质采用不同的方法,石生地衣需用锤子和凿子尽量敲下带有完整地衣的石片;土生壳状地衣应用刀连同一部分土壤铲起并放入小纸盒中以免压碎;树皮上的壳状地衣可用刀连同树皮一起割下;在苔藓类或草丛中生长的叶状地衣可直接连同苔藓或杂草一同采集。所有采集的保本均应编号,并将号牌包入标本中,要根据所采标本的质地和特点,应采用不同的包装,多数情况下用牛皮纸袋或旧报纸包装。

2.2 植物标本的整理和制作

2.2.1 植物标本(腊叶标本)的整理和压制

在标本采回来后,在压制之前应首先将标本进行整理,修剪到适合的长度和宽度,将多余的叶子修剪掉,使之不重叠为准,但要保留叶柄的痕迹,叶片要有正面的,也要有背面的,一些花冠尽可能展开,以便观察。对于一些具有肥厚根、茎的标本,应将其用刀片切成两半;对于一些叶子巨大的如牛蒡(*Arctium lappa* L.)、棕榈科的叶子则要切成 $1/4 \sim 1/2$ 适合大小。然后要及时将整理好的标本夹入标本夹内压制。一天后就要用干纸更换一次,借此要对标本进行整理。这一次整理最为重要,由于植物在标本夹内压了一段时间,植物基本被压软了,整理起来容易。整理时还要注意将折叠的叶片展开,重叠的叶片让其分散开,检查叶子是否正面和反面都有,落下来的花果和叶要用纸袋装起来,和标本放在一起。标本中间隔的纸多一些,就压得平整,而且干得也快,头三天应每天换 $1 \sim 2$ 次干纸,以后过渡到每天换一次或两天换一次,直至标本全干为止。

在换纸或压标本时,植物的根部或粗大的部分要经常调换位置,不可集中在一端,致使高低不均,同时要注意尽量把标本向四周放,决不能都集中在中央,否则也会形成边空而中央突起很高的情况,致使标本压不好。在压标本或换纸时,各标本要力争按编号顺序排列,换完一夹,应在夹上注明由几号到几号的标本;采集的日期和地点。这样做既有利于将来查找,又可以及时发现在换纸过程中丢失的标本。

新鲜标本的失水有两种方法：

（1）吸水纸干燥法：传统上用一种粗糙的草纸作为吸水纸（现在常常用旧报纸代替），通过每天换纸使标本达到相对快速干燥。其主要步骤：①打开标本夹，整理好草纸，使之平展而整齐；②将标本夹的其中一个夹板平放在一个平台上，将 2~5 张整理好的草纸放在夹板上；③将经过修剪整理的新鲜标本放在草纸上，在保证科学的基础上力求美观；④在新鲜标本上面盖上 2~5 张草纸，如此重复，直到压完所有标本；⑤将另一个夹板盖到最后一张草纸上，然后用标本夹上的绳子将标本连同草纸一起捆住，并用力压紧。⑥当天或第二天用同样的方法将上次用的草纸用另外干燥的草纸换上，如此反复，直到所有新鲜标本干燥为止。注意事项：①一定要换干燥而无皱褶的纸，纸不干吸水力就差，有皱褶会影响标本的平整；②对体积较小的标本可以数份压在一起（同一号的），但不能把不同种类（不同号）放在一张纸上，以免混乱；③对一些肉质植物，如景天科的一些植物，在压制时，须把它们先放入沸水中煮 3~5 分钟，然后再照一般方法压制，这样处理可以防止落叶；④换纸时最好把含水多的植物分开压，并增加换纸次数。吸水纸干燥法的优点：①适合对大部分标本的压制，材料简单，占用空间小，方便携带；②便于整理，一些在首次整理时没有调好的可以在第二次或第三次换纸时整理，因此此法容易压制出优良的标本；③利于识别植物，一般来说一份标本从采回来到失水干燥需要一周时间，每天的换纸使我们对所采植物有了更深入的认识，因此标本压干了，植物也就认识了。吸水纸干燥法的缺点：①干燥速度太慢，不利于大量采集；②吸水纸需要每天用太阳晒，受天气影响大；③每天需要换纸，相对较麻烦；④对于一些肉质植物和含水分较多的植物，此法花时间太多，容易发霉，需要辅助措施。

（2）暖风机干燥法：此法近年来在国内外应用比较普遍，其关键仪器就是一个可调节温度和风速的暖风机和瓦楞纸，利用暖风机向夹着标本的瓦楞纸吹暖风从而达到快速干燥的目的。其主要步骤如下：①打开标本夹，将标本夹的其中一个夹板平放在一个平台上，将 1 张瓦楞纸放在夹板上；②将经过修剪整理的新鲜标本放在一张报纸上,用报纸将标本简单包裹;③将包裹好的新鲜标本连同报纸一起放到第一张瓦楞纸上,然后对标本进行最后调整;④在新鲜标本上盖上 1 张瓦楞纸,如此重复,直到压完所有标本;⑤将另一张标本夹盖到最后一张瓦楞纸上,然后用绳子将标本连同瓦楞纸一起捆上,并稍微压紧。⑥将暖风机与标本夹对准在瓦楞小孔,并用一块耐高温的尼龙布其围住,用以保温。注意事项:①在标本整理时必须一次性就整理好,否则干燥后就不能再进行整理;②暖风机的温度不能太高,不然容易引起火灾;③瓦楞纸不能压得太紧,紧了容易使通道压扁而不利于通风;④暖风机要对着瓦楞纸的通道吹,这样才容易干。暖风机干燥法的优点:①快速干燥,一般 10 个小时就可以干燥,适合大量采集;②对于多雨季节或水分含量高的植物也很适合;③能够使植物保持原来的颜色不变;④标本在温度较高的情况下干燥,相当于经过了一次消毒杀虫。暖风机干燥法的缺点:①占用空间大,不适合 1 个人出去采集用;②温度高,控制不好就会使标本烤焦,同时还容易引起火灾;③标本必须在烘烤之前整理好,后面不好修改。

由此可见,以上两种植物标本干燥方法各有优缺点,在野外如果条件允许,可以两种方法结合起来用,先用草纸压上 2 天,把标本压软了,同时也做了必要的整理之后,再用暖风机、瓦楞纸将其一次性烘干,这样可迅速干燥,标本质量也得到保障。

2.2.2 标本的消毒

植物标本在上台纸前或上台纸后,还应进行消毒。过去消毒的方法就是把标本放进消毒室或消毒箱内,将敌敌畏或四氯化碳、二硫化碳混合液置于玻皿内,利用气熏杀标本上的虫子或虫卵,约 3 天后即可。现在多采用低温冰冻消毒,一般采用 - 18℃的低温冰柜冰冻一周左右即可。

2.2.3 腊叶标本的制作

俗称上台纸,就是将标本固定到台纸上。台纸以厚的卡片纸为佳,大小为 41 cm × 30 cm。主要步骤为:①将白色台纸平整地放在桌面上;②把消毒好的标本放在台纸上,摆好位置,右下角和左上角都要留出贴定名签和野外记录签的位置;③这时,便可用刻刀沿标本的适当位置上切出数个小纵口;④用具有韧性的白纸条,由纵口穿入,从背面拉紧,并用胶水在背面贴牢;⑤标本固定好后,通常在台纸的左上角贴上野外记录签,在右下角贴上定名签;⑥这样一份完整的标本就完成了。注意:①上台纸时最好不要用糨糊,因为糨糊容易生虫,损坏标本。②对体积过小的标本,如浮萍,不使用纸条固定时,可将标本放在一个折叠的纸袋内,再把纸袋贴在台纸的中央,这样在观察时可随时打开纸袋。

近来人们开始用整体胶粘法来装订标本,就是用乳胶直接将经过消毒的标本粘到台纸上。本法虽然制作速度快,但是不利于标本的利用,限制了从标本上取材。

凡经上台纸和装入纸袋的植物标本,经正式定名后,都应放进标本柜中保存。

定名签大小约为 10 cm × 4 cm,是经过鉴定后定名的标签,具体样式如下:

×××××植物标本室

定名人_____　　　　　日期 ____年___月___日

2.2.4 特殊植物标本的处理

植物的花、果或地下部分(如鳞茎、球茎等),为了教学、陈列和科研之用,可以把它们浸泡在药液中,以便长期保存。浸泡药液可分为一般溶液和保色溶液。

(1) 一般溶液:有些植物的花和果是用于实验的材料,即可浸泡在 4% 的福尔马林溶液中,也可浸泡在 70% 乙醇溶液中,前者配法简单,价格便宜,但易于脱色,而后者脱色虽比前者慢一点,但价格较贵。如果是为了做石蜡切片之用,可将材料浸泡在 FAA 固定液中固定保存。

（2）保色溶液：保色溶液的配方较多，但到目前为止，只有绿色较易保存，其余的颜色都不很稳定。

这里简单介绍几种保色溶液的配方，仅供参考。

（1）绿色果实的保存配方。配方1：硫酸铜饱和水溶液75 mL、福尔马林50 mL、水250 mL；配方2：亚硫酸1 mL、甘油3 mL、水100 mL。将材料在配方1中浸泡10~20天，取出洗净后浸入4%的福尔马林溶液中长期保存。配方2则事先将果实浸在饱和硫酸铜溶液中1~3天，取出洗净后再浸入0.5%亚硫酸中1~3天，最后于配方2中长期保存。

（2）黄色果实的保存配方：6%亚硫酸268 mL、80%~90%乙醇568 mL、水50 mL。直接把要浸泡的植物材料浸泡在此混合液中，便可长期保存。

（3）黄绿色果实保存的配方：把标本浸入5%的硫酸铜溶液里浸泡1~2天，取出洗净，再浸入用6%亚硫酸30 mL、甘油30 mL、95%乙醇30 mL和水900 mL配制的保存液中保存。在此之前，先向果实注射少量保存液。

（4）红色果实保存的配方：有4种配方可以选择使用。配方1：福尔马林4 mL、硼酸3 g、水400 mL；配方2：福尔马林25 mL、甘油25 mL、水1 000 mL；配方3：亚硫酸3 mL、冰醋酸1 mL、甘油3 mL、水100 mL、氯化钠50 g；配方4：硼酸30 g、乙醇132 mL、福尔马林20 mL、水1 360 mL。先将洗净的果实浸泡在配方1的混合液中24小时，如不发生混浊现象，即可放在配方2、配方3、配方4的混合液中长期保存。

（5）紫色、黑紫色和深褐色保存法：用福尔马林50 mL、10%氯化钠水溶液100 mL和水870 mL混合搅拌，沉淀过滤后制成保存液，先用注射器往标本里注射少量保存液，再把标本放入保存液里保存。

无论采用哪种配方，浸泡时药液不可过满，浸泡后用凡士林、桃胶或聚氯乙烯黏合剂等封口，以防药液挥发。

2.2.5 孢子植物标本的制作和保存

蕨类植物的标本整理和制作方法与种子植物基本相同,需要注意的是在标本上台纸时要将有孢子囊的一面露在外面。

苔藓植物一般不需要压制,只需要把装苔藓的纸袋敞开自然晾干就行。

苔藓植物保存是用牛皮纸袋,按照图示方式折叠(图2-1),纸袋可以根据各标本室保存条件改变大小。

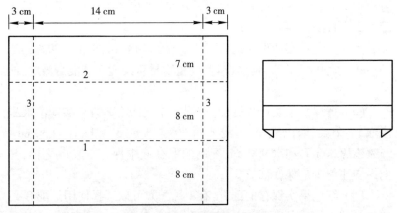

图2-1 标本袋制作比例及方法

左图中1、2、3是折叠顺序;右图示制好的标本袋

将苔藓植物装于袋中,袋面上贴采集记录与鉴定合一的标签,具体样式如下:

×××大学标本室

苔藓植物

学　名＿＿＿＿＿＿＿＿＿＿＿＿＿＿＿＿＿＿＿＿＿＿＿

采集地＿＿＿＿＿＿＿＿＿＿＿＿＿＿＿＿＿＿＿＿＿＿＿

经　度＿＿＿＿＿＿　纬　度＿＿＿＿＿＿　海　拔＿＿＿＿＿

生　境＿＿＿＿＿＿＿＿＿＿＿＿＿＿＿＿＿＿＿＿＿＿＿

采集人＿＿＿＿＿　采集日期＿＿＿＿＿　采集编号＿＿＿＿

鉴定人＿＿＿＿＿　鉴定日期＿＿＿＿＿　标本室号＿＿＿＿

大型真菌的标本务必于当天进行整理,首先将白纸铺于桌子或地上,将标本按次序拿出来,小心清除其上的杂物,按类别摆放在白纸上,补充记录在野外未能记录的特征。对担子菌纲植物而言,要挑选适合的标本制作孢子印。孢子印的制作主要有 2 种方法:一种是将新鲜子实体的菌柄用刀片切去,在白纸(黑色孢子)或黑纸(白色孢子)上涂抹比菌盖面积稍大些的一层阿拉伯树胶或胶水,将菌盖放在纸上(菌褶部分朝下);也可将黑(或白)纸的中央剪去一个适合的圆洞,把菌柄插入其中,使菌褶紧贴纸上,然后再将子实体与纸一起放在盛水的小杯子上。经过 2～4 小时,孢子洒落纸上,形成了一张与菌褶或菌管排列方式相同的孢子印。孢子印获得后,应及时记录其颜色,并标注和标本相同的采集号,保存备用。对于木质、栓质、革质等真菌标本一般放在通风处阴干或晒干尽可保存;而肉质类的标本可晒干或用暖风机吹干。完全干燥的真菌标本就可连同调查记录表、号牌一起放入纸盒中,并在盒中放上防虫药品和干燥剂,在纸盒表面贴上标签,即可登记放入标本柜中保存。一些肉质真菌也可采用浸泡的方法保存,一般采用在 1 000 mL 70% 的乙醇中加入 6 mL 甲醛即可。

地衣标本处理简单,采集来的标本风干后直接放入纸盒中保存。

2.3 植物的鉴定

采集来的新鲜标本或加工成的腊叶标本,都需要给出他们的名称和分类等级,这就需要我们对其进行鉴定,植物鉴定的方法和程序主要有以下几个方面。

1. 利用志书和手册,查植物检索表,核对种的描述和插图

全国植物志和地方植物志的陆续出版,为我们鉴别植物种类提供了很大的方便。因为检索表所包括的范围各有不同,所以有全国检索表,也有观赏植物或冬态植物检索表等,在使用时,应根据不同的需要,利用不同的检索表,绝不能在鉴定木本植物时用草本植物检索表去查。最好是根据要鉴定植物的产地确定检索表,如要鉴定

的植物是从北京地区采集的，那么，利用《北京植物检索表》或《北京植物志》，就可以帮助你解决问题。目前适用于华北地区的工具书有《中国植物志》《中国高等植物图鉴》《中国高等植物》和《北京植物志》《河北植物志》等地方植物志；检索表有《北京植物检索表》等；原色植物图鉴有《北京森林植物图谱》《北京湿地植物》《常见野花》《常见树木》《常见植物野外识别手册》等。

鉴定植物一般优先选用植物志，因为植物志的特点是详细和全面，里面既有检索表，又有描述和插图，只要按照下面的步骤来尝试，就可以鉴定出植物的名称：①对所采植物标本进行详细观察和仔细的解剖，并用相关植物学术语将所观察到的特征记下，以便于检索使用；②根据观察到的特征查看植物志的分科检索表，查出植物所属的科；③查到科后再根据科内分属检索表查到其所属的属；④在属内查分种检索表，最后根据分种检索表查到的种；⑤查到种名后到植物志看具体的描述和插图，并核实是否都符合。如果不符合，再重新核实。

植物检索表目前国内应用最多的是二歧检索表，其主要特征是通过一系列的从两个相互对立的性状中选择一个相符合的、放弃一个不符合的过程。二歧检索表按照编排式样不同可以分为定距检索表和平行检索表。《北京植物志》和《北京植物检索表》均采用定距检索表。这两种检索表都是相对应的特征编为同一个号，当我们材料特征符合其中一个特征时，就沿着往下走直至检索表终止为止。但是一些特征可能没有时（如没有花或果实），就需要两边都要往下查看，直到查到一个明显的不符合的特征为止；如果都差不多符合，最后只能出现两个结果，然后根据结果和植物志对比描述，排除其中一个结果，得到最终结果。

为了证明鉴定结果是否正确，还应对照植物志上的描述和插图进行核对，看是否完全符合该科、该属、该种的特征，植物标本上的形态特征是否同书上的图和描述一致。如果全部符合，证明鉴定的结论是正确的，否则还需重新研究，直至完全正确为止。

使用检索表鉴定植物的关键，是应懂得用科学的形态术语来描述植物的特征。特别是对花的各部分构造，要做认真细致的解剖观察,如子房的位置、心皮和胚珠的数目等都要搞清楚,一旦观察错了,就会导致错误的鉴定。

2. 植物标本馆(室)核对标本

植物标本馆(室)是保存植物标本的地方。植物标本经过定名、消毒及登记后,都存放在标本柜中。存放的次序通常按某一个分类系统次序排列(我国大部分机构采用恩格勒系统),常以科为单元排号入柜(科以下以属,属以下以种)。科内的属以属名的第一字母按英文字母顺序存放,其余字母以此类推;属内的种以种加词第一字母顺序排列,其余字母类推。我们可以将制作好并经过消毒的标本拿到标本馆去对照标本馆的标本,看看专家的定名。这个方法看似简单,其实非常繁杂。现在的标本馆或博物馆的标本馆藏动辄几万份,多的达上百万份,要一份份去对照、核实,是一项浩大的工程。因此此法适合对一些已经分到属(甚至是种)的标本的鉴定。在研究中,一般是发表新种或鉴定疑难种时需要用这种方法。

在利用标本馆(室)核对标本时要注意以下几个方面:①利用植物检索表把要鉴定的标本最好鉴定到属。②要了解标本室的系统排列,以便及时找到所要查看的标本的位置,要开出所查阅标本的名单,让管理员取出标本,在标本阅览室内查阅。③未经消毒的标本,严禁带入标本室。④查看标本馆(室)的标本时,须将标本平铺桌上,不得反转颠倒或拿在手上翻阅,不准将整夹标本竖立叠齐,以免折损标本。切勿任意颠倒标本的次序,阅毕按原次序放回。⑤当看到有标本与要鉴定的标本的形态特征完全相同时,即可把该标本上的科名和拉丁学名记录下来,并且请有关的专家核实无误。

随着互联网和摄影技术的发展,可以通过到标本馆数据库去下载相对应的标本照片来和已有的标本比较。目前,国内各大标本馆都可以提供此项服务,而且是免费的,如中国科学院植物研究所数字植物标本馆、华南植物园标本馆、中山大学标本馆、台湾大学植物标本馆等。

3. 利用原色植物图鉴或互联网技术进行植物的鉴定

拿要鉴定的植物标本和原色植物图鉴上的图片比对,或许图鉴上就有要鉴定的植物。也可以将要鉴定的植物发到互联网上,寻求网络的快速鉴定。

4. 请有关的专家和学者帮助鉴定

将不认识的标本拿给相关的专家鉴定。这是最简便的方法,但是要注意一点:当把标本拿给(或寄给)某个专家鉴定时,一定要留好备份,每个标本上要有采集号及详细的采集记录。除非特别声明,一般标本鉴定后不再寄回。

3 植物的野外观察

对于植物野外实习来讲,最重要的是培养和提高观察和鉴别植物的能力,特别是识别科、属的能力以及如何运用工具书去鉴别植物的能力。而这方面能力的提高,首先就要学会如何观察植物。拿被子植物来说,对其观察应当按开始于根、结束于花这样的程序来不断进行。应当先用眼睛观察,然后再用放大镜帮助。花应当观察极为细致,从花柄,通过花萼、花冠和雄蕊,直到柱头顶部,一步一步完成。在花没有被切开以前,应当尽可能详细记录不用放大镜就可能看到的详细特征。进一步观察花被卷叠、花药的开裂以及胎座等特征,则必须借助放大镜或体式显微镜进行。在花的解剖观察过程中,起码应切开两朵花,一朵横切,另一朵纵切。前者用来观察胎座,后者用于观察子房是上位还是下位。

3.1 被子植物的详细观察过程

在野外观察植物,要做到观察植物所生长的环境,还要做到"脚到、手到、眼尖、鼻灵"。"脚到"指在关注周围环境时,要为近距离的观察植物做准备;"手到"要用手去感受植物特征,也需要用手去展开或撕折想观察的部位;"眼尖"要及时发现植物的特征,尤其是与其他植物具有区别的特征或该植物的特殊性状;"鼻灵"指要用鼻子闻一闻有些植物根、茎、叶的气味。以下就被子植物的野外详细观察需要注意的方面加以说明:

(1) 习性

①是草木还是木本? ②如果是草本,是一年生、两年生还是多

年生？③是直立草本还是草质藤本？④如果是木本,是乔木、灌木还是亚灌木？⑤常绿植物还是落叶植物？⑥是否肉质？⑦是直立木本还是木质藤本？是自养植物还是寄生、附生或腐生植物？⑧是陆生、湿生还是水生环境？

（2）根

①根系为直根系还是须根系？②是否具地下肉质的变态根(如块根、圆锥根)？③是否具气生根或寄生根？

（3）茎

①从外形上看茎是方茎、三棱茎、多棱茎还是圆茎、扁圆茎？②从横切面上看茎是空心还是实心？中央的髓是实心、空心还是片状？③茎的节和节间是否明显？④如为藤本植物,具缠绕茎还是攀缘茎？⑤如为附地植物,是具匍匐茎还是平卧茎？⑥是否具根状茎或具块茎、鳞茎、球茎、肉质茎？⑦茎表面是否具刺或毛？刺为枝刺还是皮刺？毛为柔毛、绵毛、丁字毛、星状毛、刺毛、腺毛还是鳞片状毛？⑧茎表面有哪些明显的痕迹(如叶痕、束痕、芽鳞痕、托叶痕)？⑨枝条上的芽为哪种类型？

（4）叶

①是单叶还是复叶？如是复叶,是奇数羽状复叶还是偶数羽状复叶？是二回还是三回复叶？是掌状复叶还是单身复叶？②叶序为互生、对生、轮生、簇生还是基生？③叶脉为平行脉、网状脉还是三出脉？④叶片形状如何？叶基、叶尖、叶缘形状如何？⑤是否具托叶？托叶是离生,还是与叶柄在基部结合？托叶成叶状,还是成鞘状？托叶成刺状,还是成卷须状？⑥撕开叶片看是否具乳汁？乳汁为什么颜色？⑦观察叶表面是否被毛？毛为柔毛、绵毛、丁字毛、星状毛、刺毛、腺毛还是鳞片状毛？

（5）花序

花单生还是形成花序？花序为哪种类型？

（6）花

①花为两性花,单性花,还是杂性花？如果是单性花是雌雄同株还是雌雄异株？②有无花被？如果是两轮花被,二者是否有区别:即外轮为绿色萼片,内轮为具彩色的花瓣,或二者没有区别？

③花冠为整齐还是不整齐？离瓣还是合瓣？花冠的类型为蔷薇形、十字形、漏斗形、钟形、蝶形、唇形、管状、舌状还是其他类型？花瓣有无特化？④花萼裂片或萼片的数目是多少？分离还是合生？是否具副萼或具距？⑤花被卷叠式(指萼片和花瓣在芽中相互叠盖的方式,部分开放的花要比完全开放的花清楚得多)是镊合状、覆瓦状还是螺旋状？⑥花被与雌蕊的关系如何？⑦雄蕊的数目(多于12枚称为雄蕊多数)是多少？是螺旋状排列还是轮生？雄蕊与花瓣是互生,还是对生？如果是两轮,哪一轮雄蕊与花瓣对生或互生？有无退化雄蕊,或是否具有二型现象？雄蕊离生或是一部分以不同方式结合而成为单体、二体、三体或多体雄蕊？离生雄蕊是否为二强或四强雄蕊？雄蕊是否具二型现象？花药是如何着生与开裂的？⑧雌蕊为单心皮雌蕊,还是合心皮雌蕊或是离生心皮雌蕊？离生心皮的雌蕊在花托上成螺旋状排列还是轮状排列？雌蕊是由多少个心皮组成的？⑨胎座为边缘胎座、中轴胎座、侧膜胎座、特立中央胎座、顶生胎座、基生胎座还是全面胎座？

(7) 果实和种子

①果实是否开裂？为哪种类型的果实？②果皮结构和外形如何？③种子在果实内的数目、形状、大小、表面纹饰个有何特点？是否具假种皮或其他附属结构？

事实上,我们不可能在野外对每一种植物都能按照上述程序做细致的观察,因此,我们必须要学会重点观察。

3.2 被子植物的重点观察

3.2.1 植物的花和果实

当我们在野外观察一种植物时,优先观察有无花果,花和果实的颜色是要注意的。然后要观察萼片和花瓣的数目、离合情况,雄蕊的数目,子房的位置等重要特征。必要时,采集花或花序回到驻地做进一步的解剖观察。因为花和果实的特征常常决定了该植物的科、属地位。

3.2.2 叶的特征

看完植物的花果,或根本没有开花,这就需要我们关注叶的特性。叶的特性对于同属植物的种类划分有着重要的作用。对于叶的观察,我们可以先撕开叶片看有无乳汁,揉一揉叶片看有无特殊的味道,然后,再观察叶其他性状(见前文)。

3.2.3 植物的生长环境和生活习性

每一种植物在通常情况下,只能在对它适宜的环境下生长发育,因此,在不同的环境条件下,就会有不同的植物种类。另一方面,植物也能随着植物环境的变化,在其形态或结构上发生适当的变化,这就导致同一种植物在不同的环境条件下,某些性状发生变化。如在阴暗的条件下,植物的叶片会变得大而薄,而在强光条件下,叶片会变得厚而小。此外,植物的习性也不可忽略,要将该性状记录在采集记录本上。

3.3 被子植物花的解剖观察

花的解剖观察需要借助放大镜和体式显微镜,至少要解剖两朵花。一朵花先用剥离的方法,由外向内,逐渐剥离出苞片、萼片(或花萼)、花瓣(或花冠)、雄蕊和雌蕊,最后对子房进行横切,观察其胎座的式样;另一朵纵切,用于观察子房是上位、下位还是半下位。如果花被和雌蕊独立着生在花托上,花被位于子房的下面,即子房上位,下位花;花被着生在一个浅碟形、杯状、或壶形的花托(托杯、萼筒)上,花托围绕着子房,为子房上位,周位花;如果子房有一半与花托愈合,为子房半下位,周位花;花被着生在子房的顶部,即壶形花托与子房壁完全愈合,为子房下位、上位花。

通过花的解剖判断一朵花的雌蕊是由多少心皮组成的方法:

(1)检查子房的外部:如果在横剖子房时,看到的是明显的不对称,这个雌蕊可能仅由一个心皮组成,如豆科植物的子房;如果是对称的,这个雌蕊可能是由两个或更多的心皮组成的;如果是对称的裂成两个或更多的瓣。那么这些裂成的瓣的数目就代表心皮的数目。如蓖麻的花柱是 3 条,而柱头又各自二裂,也就是 6 个柱头,而子房却裂成 3 个瓣,故它仍是 3 个心皮组成的。

(2)检查花柱:如果有两个以上的花柱,这个雌蕊是由两个或多个心皮所组成的,花柱的数目可以代表心皮的数目;如果仅有一条花柱,那么这个雌蕊可能是由一个心皮或多个心皮组成的。遇到这种情况,可通过检查柱头来解决。

(3)检查柱头:如果有两个以上的柱头,这个雌蕊是由两个或更多个心皮所组成,如果只有一个柱头,这个雌蕊可以是由两个或更多的心皮组成。如果柱头被对称的分成了两个或更多的裂,这个雌蕊可能由两个或更多个心皮组成,并且这些裂的数目就代表心皮的数目。如果这个柱头完全没有裂缝时,那就应当横剖子房来判断:通过子房的中间切一个子房的横切面,这个子房被分隔成两个或两个以上的室,这个雌蕊就有两个或两个以上的心皮,也就是说室的数目就可以表示心皮的数目。如果仅一室,这个雌蕊可能是由一个或几个心皮所组成

(4)观察横切面,还可检查胎座的数目。如果多于一个,说明这个雌蕊是由两个或更多的心皮所组成,而且胎座的数目就可以表示心皮的数目。如果仅仅只有一个,那么,这个雌蕊可能仅由一个心皮所组成。因此,花柱的数目,柱头的数目以及子房内室的数目,就可以说明这个雌蕊是由几个心皮所组成的。

4 植物的主要类群与常见种类鉴别

4.1 藻 类 植 物

4.1.1 实习地区藻类植物的主要门类及其鉴别特征

东灵山地区常见到的藻类植物(包括原核藻类和真核藻类)主要有蓝藻门(Cyanophyta)、硅藻门(Bacillariophyta)、裸藻门(Euglenophyta)、绿藻门(Chlorophyta)、黄藻门(Xantophyta)。以前4门的种类最为常见,其主要鉴别特征见表4-1。

表4-1 藻类4个门的主要鉴别特征比较

门	藻体形态	细胞结构	鞭毛	贮藏的光合产物
蓝藻门	单细胞、群体、丝状体	原核(用亚甲基蓝染色可见核区);有细胞壁,壁外多有胶质鞘	无	主要是蓝藻淀粉,遇碘呈淡红褐色
硅藻门	单细胞或各式群体	真核,细胞壁由硅质的上壳和下壳套合而成,壳面多有纹饰	营养细胞无鞭毛;精子具2条鞭毛	主要为油滴,遇碘呈稍带黄色的透明小球
绿藻门	单细胞、群体、丝状体、叶状体等	真核,具纤维素的细胞壁,细胞内可见各种形状的叶绿体及其内的蛋白核	多为2、4条顶生、等长的尾鞭型鞭毛	淀粉,遇碘变为蓝紫色

门	藻体形态	细胞结构	鞭毛	贮藏的光合产物
裸藻门	绝大多数单细胞,可变形	真核,无细胞壁,部分种类细胞外有囊壳,细胞内可见叶绿体	大多数1条,顶生,茸鞭型,	淀粉,遇碘不变色

4.1.2 常见种类的识别

① 颤藻属(*Oscillatoria*)(图 4 – 1 – 1) 蓝藻门

藻体为不分枝藻丝或由多条藻丝组成团块状的漂浮群体,外观蓝绿色。藻丝由多个短圆筒形细胞相连形成不分枝的丝状体,可作前后滑行和左右摆动。在丝状体的细胞列中,可看到透明的双凹形的死细胞以及深绿色、充满胶质、双凹形的隔离盘。

② 念珠藻属(*Nostoc*)(图 4 – 1 – 2) 蓝藻门

藻丝相互缠绕成球状、片状或发状的胶质群体。藻丝细胞球形或椭圆形,相互连成不分枝藻丝,呈念珠状,在一段营养细胞之间,还可看到端壁厚、球形、透明状的异形胞。

③ 直链藻属(*Melosira*)(图 4 – 1 – 3) 硅藻门

细胞圆柱形,各细胞的壳面互相连接成链状群体。细胞中具有多个小盘状色素体。壳面圆形。在细胞壳面常有棘或刺。

④ 小环藻属(*Cyclotella*)(图 4 – 1 – 4) 硅藻门

常为单细胞,或有些种类细胞以壳面连成链状群体。壳面圆形,边缘带有放射状排列的孔纹或线纹。带面平滑,呈长方形。细胞中具多数小盘状色素体。

⑤ 舟形藻属(*Navicula*)(图 4 – 1 – 5) 硅藻门

常为单细胞,两侧对称。壳面观状似小船。壳面细胞两端较窄,末端头状、钝圆或喙状,细胞两侧边缘不平行,中部较宽;壳缝发达,具中央节和极节,可前后缓缓移动;壳面具线纹,原生质体中可见球形、透明的油滴。带面长方形,平滑。色素体片状或带状,多为2块。

⑥ 裸藻属(*Euglena*)(图4-1-6)　裸藻门

单细胞,绿色,顶生单条鞭毛,可游动。细胞多为纺锤形,后端尖窄,有的延伸成尾状。细胞无壁,多数种类易弯曲,能变形。藻体常具螺旋排列的线纹或颗粒。叶绿体1至多个,有的具有蛋白核。细胞高度分化,可见伸缩泡、贮蓄泡及红色眼点。

⑦ 衣藻属(*Chlamydomonas*)(图4-1-7)　绿藻门

单细胞,可游动。细胞呈卵形、球形或椭圆形,有的细胞前端具乳头状突起。细胞顶端有2条等长鞭毛,鞭毛基部有2个伸缩泡。细胞内有1个大的叶绿体,多数为杯状。叶绿体基部常具1个大的蛋白核。在叶绿体内前端,有1个橘红色的眼点。细胞核位于细胞质的中央。

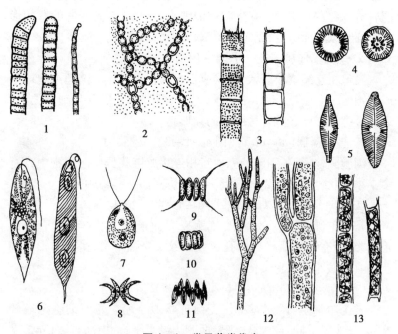

图4-1　常见藻类代表

1 颤藻属;2 念珠藻属;3 直链藻属;4 小环藻属;5 舟形藻属;
6 裸藻属;7 衣藻属;8~11 栅藻属;12 刚毛藻属;13 水绵属

⑧ 栅藻属(*Scenedesmus*)(图4-1-8~11)　绿藻门

藻体常由4、8、16个细胞组成定形群体。群体中的各个细胞以其长轴相互平行排成一行,或相互交错排成两行。群体上的细胞同形,或边缘的细胞与中间的细胞异形。细胞通常是椭圆形或纺锤形。每个细胞具一个叶绿体和一个蛋白核。

⑨ 刚毛藻属(*Cladophora*)(图4-1-12)　绿藻门

藻体为分枝的丝状体,以基细胞固着于基质上,以手触摸,颇觉粗糙。细胞圆柱形,多数种类壁厚、分层。叶绿体网状,周生,含多个蛋白核。老年时细胞有中央大液泡,细胞多核。

⑩ 水绵属(*Spirogyra*)(图4-1-13)　绿藻门

藻体由单列细胞组成的不分枝的丝状体。细胞圆柱形,细胞壁外层含大量的果胶质,手摸很黏滑。叶绿体1至多条,螺旋带状,每条叶绿体上有1列蛋白核。细胞中有大液泡,细胞单核,位于中央。细胞中可见由核周围的向细胞腔周围延伸的原生质丝。

4.2 大型真菌和地衣

4.2.1 大型真菌

大型真菌是指子实体较大的子囊菌和担子菌。大型真菌的鉴别,主要依据子实体的形态结构、质地颜色、子实层的结构、孢子的形态大小和颜色以及生态习性等几个方面。

4.2.1.1 大型真菌的大类检索

为了便于在野外鉴别,我们依据大型真菌的明显形态差异人为地划分为若干个大的类别。现将各大类大型真菌检索如下:

1.子实体产生子囊和内生子囊孢子(子囊菌门)

　2.子实体盘状,无柄或有柄 ……………………………… 盘菌类

　2.子实体不为盘状,有明显的菌盖和菌柄

　　3.子实体马鞍形,子实层生于菌盖上表面 ……………… 马鞍菌类

　　3.子实体圆锥状,子实层生于菌盖凹坑内 ……………… 羊肚菌类

1.子实体产生担子和外生担孢子(担子菌门)

4. 子实层生于菌褶的两面,子实体伞状 ………………………… 伞菌类

4. 无菌褶,子实层生于菌孔、菌管、菌齿等子实层体上,或生于子实体表面,或无子实层;子实体性状多样

　5. 子实层生于菌管或菌孔内

　　6. 子实体伞状、肉质,菌管密集排列在菌盖下面,彼此不易
　　　分离 ………………………………………………… 牛肝菌类

　　6. 子实体圆形、半圆形、扇形、匙形等,幼时有的柔软,老时多坚韧、革质、木质或木栓至,柄有或无 ……………… 多孔菌类

　5. 子实体上无菌管或菌齿,子实层生于棒状、珊瑚状、树枝状、瓣片状、耳形等子实体的表面,或子实层外有包被不外露

　　7. 子实层生于菌齿上,子实体头状、伞状等 ……… 齿菌类

　　7. 子实层不生育菌齿上

　　　8. 子实层生于棒状、珊瑚状或树枝状子实体的表面 … 珊瑚菌类

　　　8. 子实体不为上述形状

　　　　9. 子实体为胶质瓣片状或耳形,子实层生于子实体
　　　　　表面 …………………………………………… 胶菌类

　　　　9. 子实体不为胶质瓣片状或耳状

　　　　　10. 子实体漏斗形或喇叭形,子实层裸露,生于子实体外侧
　　　　　　表面 ………………………………………… 喇叭菌类

　　　　　10. 子实体球形、梨形、陀螺形、笔形或杯状等,子实层外有包被,不外露,或包子成熟后裸出

　　　　　　11. 子实体球形、梨形、陀螺形,成熟后子实层仍包于包被内,但外包被常有不规则开裂或具开口,或外包被呈规则地星状开裂 …………………………… 马勃类

　　　　　　11. 子实体幼时球形、卵形,成熟时笔状;有菌托,在孢托上部具黏臭的孢体 ………………………… 鬼笔类

4.2.1.2 实习地区大型真菌的代表种类
(1) 盘菌类
盘菌属 *Peziza*(图 4-2-1)　盘菌科 Pezizaceae
子实体为脆嫩、肉质的盘状或碗状子囊盘,直径常 2 cm 或以上。子实层淡色、紫色至褐色,但不是鲜明橘黄或红色。子囊孢子通常 8 个。

（2）马鞍菌类

马鞍菌属 *Helvella*　马鞍菌科 Helvellaceae

子囊盘直径 2 ~ 4 cm,马鞍形,蛋壳色至褐色,表面平滑或卷曲,边缘与柄分离,菌柄明显;常在林地中群生。常见的有马鞍菌(*Helvella elastica*)(图 4 – 2 – 2)和皱马鞍菌(*Helvella crispa*)(图 4 – 2 – 3)。

（3）羊肚菌类

羊肚菌属 *Morchella*　羊肚菌科 Morchellaceae

子实体有柄,子囊盘表面形成许多凹坑,似羊肚状。常在阔叶林地中单生或群生。常见的有羊肚菌[*Morchella esculenta* (L.) Pers.](图 4 – 2 – 4)。

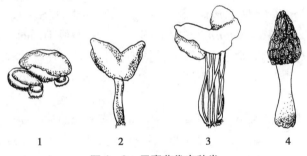

图 4 – 2　子囊菌代表种类

1 盘菌属;2 马鞍菌;3 皱马鞍菌;4 羊肚菌属

（4）伞菌类

① 侧耳属 *Pleurotus*　侧耳科 Pleurotaceae

菌柄偏生、侧生或无柄;菌盖肉质,半圆形、倒卵形、肾形或扇形;菌褶稍密;常于阔叶树倒木上覆瓦状生长。常见的有侧耳[*Pleurotus ostreatus* (Jacq.) Kumm.](图 4 – 3 – 1)。

② 裂褶菌属 *Schizophyllum*　裂褶菌科 Schizophyllaceae

菌盖革质,质韧,白色至灰白色,扇形或肾形,被绒毛,具多个裂瓣;菌褶窄,与菌盖同色,从基部辐射生出,沿边缘纵裂而反卷;菌柄短或无;常生于腐木。该地区仅见裂褶菌(*Schizophyllum commne* Fr.)(图 4 – 3 – 2)。

③ 红菇属 *Russula*(图 4 – 3 – 3)　红菇科 Russulaceae

子实体肉质,硬而脆,易腐烂,通常颜色鲜明。菌柄中生,菌褶与菌柄直生至延生,稀疏、宽、不等长;常在林地或腐枝层上散生或群生。常见种有毒红菇[*Russula emetica* (Schaeff. ex Fr.) Pers ex Fr.]和大白菇(*Russula delica* Fr.)。

④ 密环菌属 *Armillaria*(图4-3-4)　白蘑科 Tricholomataceae

子实体肉质,菌盖近扁平,橘黄色或深橙黄色,有鳞片;菌肉较厚,菌褶离生;菌柄上有菌环,菌柄易与菌盖分离。常在混交林地上散生。常见有橘黄蜜环菌[*Armillaria aurantia* (Schaeff. ex Fr.) Quél.]。

⑤ 杯伞属 *Clitocybe*　白蘑科 Tricholomataceae

子实体肉质,菌盖中部下凹至漏斗状;菌褶延生;无菌环;孢子无色;常在林地或腐枝落叶层或草地上单生或群生。常见的有杯伞[*Clitocybe infundibuliformis* (Schaeff. ex Fr.) Quél.](图4-3-5)。

⑥ 小皮伞属 *Marasmius*(图4-3-6)　白蘑科 Tricholomataceae

子实体质韧,常小型,膜质;菌柄细长中生。常在阔叶林或针叶林地上成群生长。常见有栎小皮伞[*Marasmius dryophilus* (Bolt.) Karst.]。

⑦ 蘑菇属 *Agaricus*(图4-3-7)　蘑菇科 Agaricaceae

菌盖肉质,扁半球形至平展,污白色或带黄色,或被淡红褐色纤毛状鳞片;菌褶黑褐色,离生;菌环膜质,易脱落;菌柄中生;孢子印紫褐色。常于林中地上单生。

⑧ 毒伞属 *Amanita*　毒伞科 Amanitaceae

子实体肉质,菌柄中生,易与菌盖分离,有菌环和菌托;菌褶离生;孢子无色,孢子印白色。常见有白毒伞[*Amanita verna* (Lamb. ex Fr.) Pers. ex Vitt.](图4-3-8)和豹斑毒伞[*Amanita pantherina* (DC. ex Fr.) Secr.](图4-3-9)。

⑨ 铆钉菇属 *Gomphidius*　铆钉菇科 Gomphidiaceae

子实体铆钉状,菌褶延生,孢子印绿褐色至近黑色。仅见铆钉菇[*Gomphidius viscidus* (L.) Fr.](图4-3-10)。

⑩ 鳞伞属 *Pholiota*(图4-3-11)　球盖菇科 Strophariaceae

子实体丛生,菌盖平伏鳞片;菌褶黄色,直生或近弯生;菌环膜质,易落;孢子锈色。常在杨、柳及桦等树干上丛生。常见种有黄伞[*Pholiota adipose* (Fr.) Quél.]。

⑪ 鬼伞属 *Coprinus* 鬼伞科 Coprinaceae

子实体质脆,菌褶成熟后黑色,并逐渐融化为墨汁状,孢子暗褐色或黑色。常见中有墨汁鬼伞[*Coprinus atramentarius*(Bull.)Fr.](图4-3-12)。

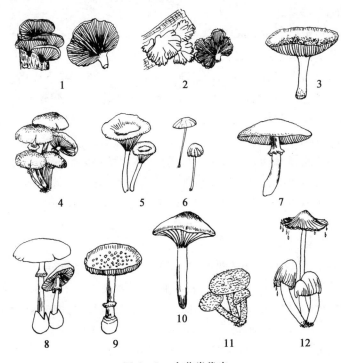

图4-3 伞菌类代表

1 侧耳;2 裂褶菌;3 红菇属;4 密环菌属;5 杯伞;6 小皮伞属;
7 蘑菇属;8 白毒伞;9 豹斑毒伞;10 铆钉菇;11 鳞伞属;12 墨汁鬼伞

(5) 牛肝菌类

① 疣柄牛肝菌属 *Leccinum* 牛肝菌科 Boletaceae

子实体伞菌状,菌盖不黏,子实层在菌管内,呈淡黄色;菌柄实,细长,粗糙或有小鳞片,或有点、线点或线覆盖柄的上半部。常见种有褐疣柄牛肝菌[*Leccinum scabrum*(Fr.)Gray](图4-4-1)。

② 黏盖牛肝菌属 *Suillus* 牛肝菌科 Boletaceae

子实体较小伞菌状,菌盖直径4~6 cm,半球形到扁球形,后近平展,淡褐色或深褐色,黏,光滑;子实层在菌管内菌肉白至淡黄色;菌管白色至淡黄色,管口圆形;菌柄实,短粗;常在林地中单生或散生并上常有菌环和腺点。常见种有厚环黏盖牛肝菌[*Suillus grevillei* (Kl.) Sing.](图4-4-2)。

(6) 齿菌类

猴头菌属 *Hericium*　猴头菌科 Hericiaceae

子实体扁半球形或头状,直径5~10 cm,子实层着生在肉质软刺状的菌齿上,菌齿细长下垂,新鲜时白色,后期浅黄至浅褐色;常在阔叶树立木或腐木上生长。常见有猴头菌[*Hericium erinaceum* (Bull.) Pers.](图4-4-3)。

(7) 珊瑚菌类

枝瑚菌属 *Ramaria*(图4-4-4)　枝瑚菌科 Ramariaceae

子实体肉质,分枝多,小枝顶端较尖;孢子有色。常在阔叶林地上群生或丛生。常见有浅黄枝瑚菌[*Ramaria flavescens* (Schaeff.) Petersen]。

(8) 多孔菌类

① 云芝属 *Coriolus*(图4-4-5)　多孔菌科 Polyporaceae

子实体扇形或贝壳形,覆瓦状生长,硬木质,表面有绒毛和多种颜色组成的狭窄同心环带,外缘有白色或浅褐色边;无菌柄;分布广泛。常见种有云芝[*Coriolus versicolor* (L. ex Fr.) Quél.]。

② 层孔菌属 *Fomes*　多孔菌科 Polyporaceae

子实体木质,半圆形或马蹄形,每年新生的同心纹和环棱很清楚,孔管极小。常见的有木蹄层孔菌[*Fomes fomentarius* (L. ex Fr.) Kickx](图4-4-6)。

③ 硫磺菌属 *Laetiporus*　多孔菌科 Polyporaceae

子实体覆瓦状叠生,幼时近肉质,干后轻而脆,表面硫磺色至橙红色。孢子无色。常见的有硫磺菌[*Laetiporus sulphureus* (Fr.) Murrill](图4-4-7)。

④ 灵芝属 *Ganoderma*　灵芝科 Ganodermataceae

子实体木质或栓质,菌盖半圆形或扇形,表面覆盖有坚硬而有光泽的物质,具同心环棱。常在阔叶树倒木或腐木上生长。常见有树舌灵芝[*Ganoderma applanatum*（Pers）Pat.]（图4-4-8）。

(9) 胶菌类

木耳属 *Auricularia*　木耳科 Auriculariaceae

子实体直径3~12 cm,浅圆盘形、耳形或不规则性状,常棕褐色,干后变深褐色或黑褐色,胶质,新鲜时软,干后收缩;常在腐朽的栎木上单生或群生。常见种为木耳[*Auricularia auricular*（L. ex Hook.）Underw.]（图4-4-9）。

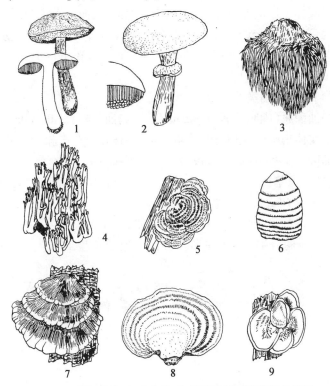

图4-4　牛肝菌类、多孔菌类、齿菌类和珊瑚菌类常见代表

1 褐疣柄牛肝菌;2 厚环黏盖牛肝菌;3 猴头菌;4 珊瑚菌属;
5 云芝属;6 木蹄层孔菌;7 硫磺菌;8 树舌灵芝;9 木耳

(10) 马勃类

① 地星属 *Geastrum*（图4-5-1）　地星科 Geastraceae

子实体未开裂前近球形;成熟后外包被星状开裂,裂片反卷,内包被膜质,由顶端开口。常在林中腐枝落叶层地上散生或群生。常见种为尖顶地星[*Geastrum triplex*(Jungh.)Fisch.]。

② 马勃属 *Lycoperdon* 马勃科 Lycoperdaceae

子实体球形、卵形或梨形,外包被刺、疣或粉粒状,易脱落,内包被膜质,由顶端开列成小口。常在林地上单生。常见有梨形马勃(*Lycoperdon pyriforme* Schaeff.)(图 4–5–2)。

③ 炭球菌属 *Daldinia* 球壳菌科 Xylariaceae

子实体半球形或近球形,无柄或近无柄;表面土褐色至黑色,内部暗褐色,纤维状至木质,有明显环带,常在阔叶树腐木或树皮上单生或群生。常见有炭球菌[*Daldinia concentrica*(Bolt. ex Fr.)Ces. et de Not](图 4–5–3)。

(11) 喇叭菌类

鸡油菌属(喇叭菌属)*Cantharellus* 鸡油菌科 Cantharellaceae

子实体喇叭形,略有柄,菌褶延生至菌柄部,有横脉。常见种类有鸡油菌(*Cantharellus cibarius* Fr.)(图 4–5–4)。

(12) 鬼笔类

鬼笔属 *Phallus* 鬼笔科 Phallaceae

子实体笔状,菌盖近钟形,具网纹格,上面有灰黑色恶臭的黏液(孢体),菌柄海绵状,圆柱形。常在林地上单生或群生。常见有

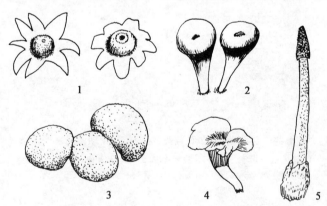

图 4–5 马勃类、鬼笔类和喇叭菌类代表

1 地星属;2 梨形马勃;3 炭球菌;4 鸡油菌;5 鬼笔

红鬼笔[*Phallus rubicundus*（Bosc.）Fr.]（图4-5-5）。

4.2.2 地衣

地衣是藻类和真菌共生所形成的一类特殊生物复合体。在传统生物学中将其作为一独特的植物类群,现在一般将其作为真菌中的类群。地衣的主要分类鉴别依据包括地衣的生长型、地衣体的颜色、地衣体的附属物(假根、裂芽、粉芽、衣瘿、杯点、脐等)、地衣的子实体、地衣的孢子类型以及地衣体内的共生藻类等。此外,不同的地衣,其生活环境和生长基质也有所不同,也可以作为鉴别地衣一些属种的参考。

4.2.2.1 地衣三种基本生长型的鉴别

地衣可分为壳状地衣、叶状地衣和枝状地衣三种基本生长型,其主要的区别见表4-2。

表4-2　地衣的三种基本生长型的比较

生长型	外形特征	内部构造	与基物附着状况	代表类群
壳状地衣	地衣体呈粉状、颗粒状或小鳞片状	多为同层地衣。无皮层或仅具上皮层	一般以髓层的菌丝牢固地紧贴于基物上,很难采下	茶渍属、网衣属、文字衣属
叶状地衣	地衣体水平扩展呈叶片状	多为异层地衣。多具皮层,有的无下皮层	通过腹面从下皮层伸出的菌丝索形成的假根或脐固着于基物上,容易采下	石黄衣属、皮果衣属、梅衣属、石耳属、蜈蚣衣属
枝状地衣	地衣体树枝状、发状、带状、指状或灌木状,直立或悬垂	多为异层地衣。外表通常有一皮层,下面是一藻胞层,中央是髓组织的轴	仅基部附着于基物上,容易采下	石蕊属、松萝属(见图4-6-6)、树花属

4.2.2.2 实习地区常见种类

（1）茶渍属 *Lecanora*（图4-6-1） 茶渍科 Lecanocaceae

地衣壳状，连续颗粒状或龟裂状；子囊盘茶渍型，棕色至黑色，囊盘壳外有地衣裳体结构的囊盘托，具轻微粉霜；子囊孢子单胞型。常生于岩石上。如灰茶渍（*Lecanora cenisia* Ach.）。

（2）石黄衣属 *Xanthoria*（图4-6-2） 黄枝衣科 Teloschistaceae

地衣叶状，易从基物上剥离，下表面无脐，上表面橙黄色；子囊盘圆盾片状，橙黄色，初始凹陷，成熟后逐渐扁平；常生于岩石或树干上。常见的有石黄衣［*Xanthoria parietina*（L.）Beltr.］和中国石黄衣（*Xanthoria mandschurica* Asahina）。

（3）蜈蚣衣属 *Physcia*（图4-6-3） 蜈蚣衣科 Physciaceae

地衣叶状，下表面无脐，多为椭圆形，较紧密附着基物；上表面呈灰白、灰绿至褐绿色，反复分裂，裂片多狭细，呈莲座丛；子囊盘多为褐色至暗黑色，子囊孢子双胞型。常生于岩石上。如兰灰蜈蚣衣［*Physcia caesia*（Hoffm.）Fürnrohr］。

（4）皮果衣属 *Dermatocarpon*（图4-6-4） 瓶口衣科 Verrucariaceae

地衣体单叶型，近圆形，边缘浅波状或撕裂状，上表面微凹，下

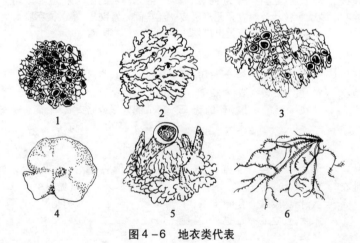

图4-6 地衣类代表

1茶渍属；2石黄衣属；3蜈蚣衣属；4皮果衣属；5枪石蕊；6松萝属

表面具中央脐;子囊壳深埋;子囊孢子单胞型。常生于岩石上。常见如皮果衣[*Dermatocarpon miniatum* (L.)Mann]。

（5）石蕊属 *Cladonia* 石蕊科 Cladoniaceae

地衣体由初生及次生地衣两部分组成,初生地衣体壳状或鳞片状,尤其产生的次生枝状体,中空,分枝或不分枝,或呈杯状;子囊盘生于枝状体顶端或杯缘。常生于岩石上。如枪石蕊[*Cladonia coniocraea* (Flk.)Sandst](图4-6-5)。

4.3 苔 藓 植 物

苔藓植物为一群小型的多细胞高等植物,其营养体为配子体,孢子体着生于配子体上。苔藓植物可划分为苔纲、角苔纲和藓纲。本书根据实习地的特点,仅对苔纲和藓纲一些常见种类做了简单介绍。

4.3.1 苔纲和藓纲的区别

苔纲和藓纲的主要识别要点(表4-3):

表4-3 苔纲和藓纲的主要区别

	苔纲	藓纲
配子体	叶状体或拟茎叶体;拟茎叶体的叶排列成2列或3列,有背腹之分,无中肋。假根单细胞。原丝体不发达,1个原丝体可产生1个配子体	拟茎叶体,叶螺旋状排列,多有中肋。假根单列细胞。原丝体发达,1个原丝体可产生多个配子体
孢子体	蒴柄短小或细长柔弱,发育在孢蒴成熟之后;孢蒴无蒴盖、环带、蒴齿的构造,内有弹丝	蒴柄多发达、坚挺,发育在孢蒴成熟之前。孢蒴有蒴盖、环带、蒴齿的构造,内无弹丝

4.3.2 实习地区常见苔藓植物科属检索表

1. 植物体为二歧分叉的叶状体,或为茎叶体,但有明显的背腹面之分,叶无中肋 ·· 2

1. 植物体为茎叶体,无背腹面之分,叶多具中肋 ┄┄┄┄┄ 6

2. 植物体为茎叶体,叶 3 列,侧叶 2 列,蒴前式排列,折合式两裂瓣,腹瓣呈盔形或耳状 ┄(1)耳叶苔科(Frullaniaceae)耳叶苔属(*Frullania*)

2. 植物体为叶状体,腹面有鳞片 ┄┄┄┄┄┄┄┄ 3

3. 叶状体带形,气孔呈烟囱型,背面有胞芽杯 ┄┄┄┄
┄┄┄┄┄(5)地钱科(Marchantiaceae)地钱属(*Marchantia*)

3. 叶状体带形,叶状体气孔呈单一型 ┄┄┄┄ 4

4. 气室单层,无次级分隔,表面有六角形网格状纹饰 ┄┄┄┄
┄┄┄┄┄(4)蛇苔科(Conocephalaceae)蛇苔属(*Conocephalum*)

4. 气室多层或有次级分隔,表面无六角形网格状纹饰 ┄┄┄ 5

5. 雌器托生于叶状体中部,托柄短,贴生于叶状体背面,叶状体腹面呈紫红色 ┄┄(3)瘤冠苔科(Grimaldiaceae)紫背苔属(*Plagiochasma*)

5. 雌器托生于叶状体末端,托柄长 1～2 cm;托盘 4～7 裂,雄器托无柄,贴生在叶状体中部┄┄(2)瘤冠苔科(Grimaldiaceae)石地钱属(*Reboulia*)

6. 叶明显 2 列,具叶茎扁平状 ┄┄┄┄┄┄ 7

6. 叶 3 列或多列,具叶茎有时呈扁平,但叶不呈 2 列 ┄┄┄ 8

7. 叶披针形,向上渐呈粗糙细长毛尖,交互对生,叶片基部呈鞘状抱茎
┄┄┄┄┄(6)牛毛藓科(Ditrichaceae)对叶藓属(*Distichium*)

7. 叶长圆舌形,先端圆钝,具背翅,叶片基部呈向茎呈折合状 ┄┄┄
┄┄┄┄┄(7)凤尾藓科(Fissidentaceae)凤尾藓属(*Fissidens*)

8. 植物体直立或倾立生长,二歧分枝;无横走主茎;孢蒴多顶生 ┄┄ 9

8. 植物体匍匐生长,多歧分枝;常具横走主茎 ┄┄┄ 15

9. 叶先端具白色毛尖蒴柄短于孢蒴,孢蒴内隐或伸出雌苞叶,植物体紫黑色 ┄┄┄(10)紫萼藓科(Grimmiaceae)紫萼藓属(*Grimmia*)

9. 叶先端不具白色毛尖,但或有中肋突出的长尖 ┄┄┄ 10

10. 叶先端不具有中肋突出的长尖 ┄┄┄┄ 11

10. 叶先端中肋突出呈短刺毛状,叶长卵状舌形,叶细胞具马蹄形疣 ┄┄┄
┄┄┄┄┄(9)丛藓科(Pottiaceae)墙藓属(*Tortula*)

11. 叶片呈狭三角状至卵状狭披针形,叶边明显背卷,先端渐尖或急尖;中肋粗壮,长达叶尖或稍突出,叶细胞具少量圆疣,孢蒴直立,圆柱形,呈黄棕色 ┄┄┄┄┄(8)丛藓科(Pottiaceae)对齿藓属(*Didymodon*)

11. 叶片短宽,不呈线形或狭长披针形 ┄┄┄┄ 12

12. 植物体细小,茎直立单一或在基部分枝 ┄┄┄ 13

12. 植物体较大,茎及分枝匍匐,叶稀疏,呈阔卵状椭圆形或阔卵形;叶先端圆

钝具细尖头 …… （14）提灯藓科（Mniaceae）匐灯藓属（*Plagiomnium*）

13. 植物体银白色具光泽,叶干湿时均覆瓦状贴茎生长,孢蒴下垂,卵圆形或长圆形 …… （13）真藓科（Bryaceae）真藓属（*Bryum*）

13. 植物体鲜绿色或黄绿色,不具光泽,茎直立单一,叶多聚生于顶端 …… 14

14. 叶先端渐尖,中肋达叶尖,孢蒴呈半球形,蒴盖脱落后呈碗状 …… （11）葫芦藓科（Funariaceae）立碗藓属（*Physcomitrium*）

14. 叶先端急尖,孢蒴呈梨形,平列或下垂,蒴台部明显较长 …… （12）葫芦藓科（Funariaceae）葫芦藓属（*Funaria*）

15. 植物体呈扁平形,带叶的枝圆条形,叶密生,覆瓦状排列于茎上 …… 16

15. 植物体不呈扁平形 …… 17

16. 茎叶与枝叶同形,卵状披针形,先端长渐尖,中肋单一,达叶中部终止 …… （18）青藓科（Brachytheciaceae）青藓属（*Brachythecium*）

16. 茎叶与枝叶同形,阔长圆卵形,内凹,中肋2条,短小细弱,不及叶中部即终止 …… （20）绢藓科（Entodontaceae）绢藓属（*Entodon*）

17. 植物体规则2~3回羽状分枝,交织成片生长。茎匍匐,鳞毛密布于茎和枝上。茎叶三角状圆形,具纵褶,中肋粗壮,终止于叶尖;枝叶卵圆形,中肋达叶长度2/3 …… （17）羽藓科（Thuidiaceae）羽藓属（*Thuidium*）

17. 植物体不规则分枝 …… 18

18. 植物体粗大,黄绿色,稍具光泽,枝条长短不齐,呈圆条形,叶覆瓦状贴生,宽大于长,强烈内凹 …… （19）青藓科（Brachytheciaceae）鼠尾藓属（*Myuroclada*）

18. 植物体纤细,黄绿色或深绿色,无光泽 …… 19

19. 叶卵状舌状,先端圆钝;中肋粗壮,单一,达于叶中上部,常在近末端有分叉 …… （16）牛舌藓科（Anomodonfaceae）牛舌藓属（*Anomodon*）

19. 叶卵状披针形,内凹,先端急尖,中肋达叶中上部即消失 …… （15）薄罗藓科（Leskeaceae）细枝藓属（*Lindbergia*）

4.3.3 实习地区常见苔藓植物

（1）微齿耳叶苔 *Frullania rhytidantha* Hatt.（图4-7-1）

耳叶苔科 Frullaniaceae 耳叶苔属 *Frullania*

植物体棕色,茎匍匐,不规则羽状分枝。叶3列,侧叶2列,蔽前式排列;背瓣卵形,先端圆形;腹瓣小,兜形;腹叶倒卵形或倒楔形,具微齿,顶端2裂达叶长的1/3~1/4。

(2) 石地钱 *Reboulia hemisphaerica* (L.) Raddi(图4-7-2~3)

瘤冠苔科 Grimaldiaceae 石地钱属 *Reboulia*

叶状体扁平,二歧分枝,先端心形,背面深绿色,单一型气孔。腹面紫红色,腹面两侧各一列鳞片,紫红色。雌雄同株。雄托无柄,贴生在叶状体中部;雌托托柄长1~2 cm,生于叶状体顶端,多4裂瓣。

(3) 紫背苔 *Plagiochasma rupestre* (Forst.) Steph. (图4-7-4~5)

瘤冠苔科 Grimaldiaceae 紫背苔属 *Plagiochasma*

叶状体紧贴基质,叉状分枝。革质,有光泽。气孔大,凸出,细

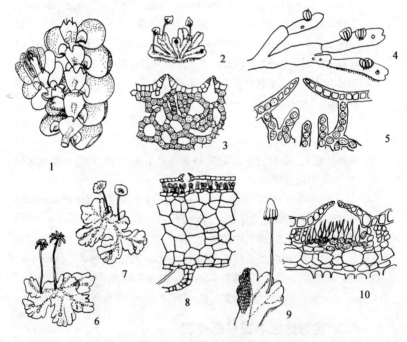

图4-7 苔藓植物代表(1)

1 微齿耳叶苔;2 具雌器托的石地钱;3 石地钱的叶状体横切;4 具雌器托的紫背苔;5 紫背苔的叶状体横切;6 具雌器托的地钱;7 具雄器托的地钱;8 地钱的叶状体横切;9 具雌器托的蛇苔;10 舌苔的叶状体横切

胞内具油体;腹面紫红色,鳞片覆瓦状排列,半月形,具2条阔披针形附器。雌雄同株。精子器生长于叶状体中部,由叶鳞片包围;雌器托柄短,贴生于叶状体背面。

(4)地钱 *Marchantia ploymorpha* L.(图4-7-6~8)

地钱科 Marchantiaceae 地钱属 *Marchantia*

叶状体宽带状,多回二歧分支,具烟囱型气孔;腹面有无色或紫色鳞片。雌雄异株。雄托呈圆盘状,边缘7~9瓣浅裂;雌托深裂成9~11个指状裂瓣。叶状体背面前端常生有杯状的胞芽杯。该属常见的还有粗裂地钱(*Marchantia paleacea*)。

(5)蛇苔 *Conocephalum conicum*(L.)Dum.(图4-7-9~10)

蛇苔科 Conocephalaceae 蛇苔属 *Conocephalum*

叶状体深绿色,表面有光泽,多回二歧分支。背面有明显的六角形或菱形气室,腹面淡绿色,两侧各一列深紫色鳞片。雌雄异株。雄托扁圆盘状,无柄,贴生于叶状体背面;雌托钝圆锥形,托柄无色透明,生长在叶状体背面先端。

(6)对叶藓 *Distichium capillaceum*(Hedw.)B.S.G.(图4-8-1~3)

牛毛藓科 Ditrichaceae 对叶藓属 *Distichium*

植物体绿色或黄绿色。茎细长,柔软,单生稀分枝,具明显分节。叶两列,细长,交互对生,叶基部呈鞘状抱茎,向上突然变狭成粗糙细长毛尖,叶缘粗糙;中肋粗壮,充满叶尖部,背部粗糙。

(7)小凤尾藓 *Fissidens bryoides* Hedw.(图4-8-4~6)

凤尾藓科 Fissidentaceae 凤尾藓属 *Fissidens*

植物体细小,绿色,茎直立不分枝,高不及1 cm。叶互生,排成扁平两列,通常有背翅、前翅、鞘部之分,背翅基部楔形;中肋单一及顶。叶鞘达叶全长的1/2~3/5。该属常见的还有粗肋凤尾藓(*Fissidens laxus*)、黄边凤尾藓(*Fissidens geppii*)。

(8)尖叶对齿藓 *Didymodon constrictus*(Mitt.)Saito(图4-8-7~8)

丛藓科 Pottiaceae 对齿藓属 *Didymodon*

植株深绿色,茎直立,高约1 cm,密集丛生。叶片呈狭三角状至卵状狭披针形,叶细胞具1~3钝圆形疣。孢蒴直立,圆柱形,呈黄棕色。该属常见的物种还有反叶对齿藓[*Didymodon ferrugineus*

（Schimp. ex Besch Hill.）］。

（9）泛生墙藓 *Tortula muralis* Hedw.（图 4 - 8 - 9 ~ 10）

丛藓科 Pottiaceae　墙藓属 *Tortula*

植物体矮小粗壮,幼时鲜绿色,老时红棕色。茎单一,叶长卵状舌形,具短尖头,叶边明显被卷;中肋粗壮,且突出叶尖成短刺毛状;叶细胞具明显马蹄形疣。该属常见的还有无疣墙藓（*Tortula mucronifolia* Schwaegr.）。

（10）毛尖紫萼藓 *Grimmia pilifera* P. Beauv.（图 4 - 8 - 11 ~ 13）

紫萼藓科 Grimmiaceae　紫萼藓属 *Grimmia*

植物体粗壮,绿色至紫黑色,多生长在裸露的岩石上。叶干燥时覆瓦状排列,明显龙骨状背凸,先端具透明白色毛尖。孢蒴直立,隐于苞叶之中。该属常见物种还有近缘紫萼藓（*Grimmia longirostriis* Hornsch.）等。

（11）立碗藓 *Physcomitrium sphaericum*（Ludw.）Fuernr.（图 4 - 8 - 14 ~ 15）

葫芦藓科 Funariaceae　立碗藓属 *Physcomitrium*

植物体细小,疏丛生,茎单一直立,不达 1 cm。茎下部叶较小,上部叶较大,呈椭圆形或匙形,叶先端渐尖,中肋达叶尖。孢蒴呈半球形,红褐色,蒴盖脱落后呈碗状,蒴柄红褐色。该属植物常见的有红蒴立碗藓（*Physcomitrium eurystomum* Sandtn.）。

（12）葫芦藓 *Funaria hygrometrica* Hedw.（图 4 - 8 - 16 ~ 18）

葫芦藓科 Funariaceae　葫芦藓属 *Funaria*

植物体丛集,黄绿色。茎单一,叶在先端簇生,卵状披针形或阔卵圆形,先端急尖,两侧往往内卷,中肋至顶。蒴柄细长,先端弯曲;孢蒴梨形,不对称,多垂倾,具明显的台部;蒴盖圆盘状,顶端微凸。该属常见的还有中华葫芦藓（*Funaria sinensis* Dix.）。

（13）圆叶匐灯藓 *Plagiomnium vesticatum*（Besch.）T. Kop.（图 4 - 8 - 19 ~ 20）

提灯藓科 Mniaceae　匐灯藓属 *Plagiomnium*

植物体较大,绿色或黄绿色,多在林下阴湿地生长。茎及分枝均匐匍,密被黄棕色假根,叶稀疏,呈卵状椭圆形或阔卵圆形,先端

圆钝,具小尖头,中肋粗壮,长达叶尖。该属常见物种还有匍灯藓
[*Plagiomnium cuspidatum* (Hedw.) T. Kop.]。

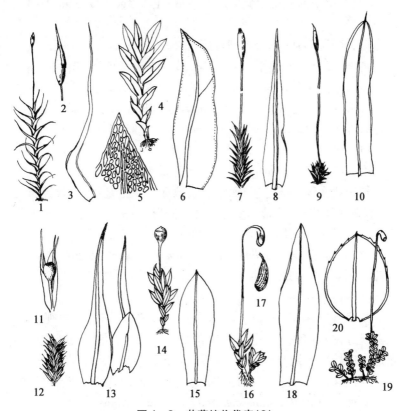

图4-8 苔藓植物代表(2)

1~3对叶藓:1植株,2孢蒴,3拟叶;4~6小凤尾藓:4植株,5拟叶顶端,6拟叶;7~8狭叶扭口藓:7植株,8拟叶;9~10泛生墙藓:9植株,10拟叶;11~13毛尖紫萼藓:11孢子体,12配子体一部分,13拟叶;14~15立碗藓:14植株,15拟叶;16~18葫芦藓:16植株,17孢蒴,18拟叶;19~20圆叶匍灯藓:19植株,20拟叶

(14) 真藓 *Bryum argenteum* Hedw. (图4-9-1~3)

真藓科 Bryaceae 真藓属 *Bryum*

植物体多银白色,具光泽,叶子干湿均覆瓦状排列于茎上,宽卵圆形,具尖或者钝尖。孢蒴下垂,卵圆形或长圆形,成熟后红褐色,

台部不明显。该属常见的有垂蒴真藓[*Bryum uliginosum*（Brid.）B. S. G.]、黄色真藓（*Bryum pallescens* Schleich. ex Schwaegr.）等。

（15）中华细枝藓 *Lindbergia sinensis*（C. Muell.）Broth.（图 4 - 9 - 4 ~ 7）

薄罗藓科 Leskeaceae　细枝藓属 *Lindbergia*

植物体纤细,密集平铺丛生,深绿色或黄绿色,无光泽。茎匍匐,不规则分枝,分枝斜伸,长短不齐,上部常弯曲,先端渐尖。叶卵状披针形,内凹,先端急尖,中肋达叶中上部即消失。该属常见的物种还有细枝藓[*Lindbergia brachyptera*（Mitt.）Kindb.]。

（16）小牛舌藓 *Anomodon minor*（Hedw.）Fuernr.（图 4 - 9 - 8 ~ 10）

牛舌藓科 Anomodonfaceae　牛舌藓属 *Anomodon*

植物体密集平铺丛生,深绿色或黄绿色。主茎匍匐,常裸露无叶,不规则分枝,无中轴。茎叶与枝叶同形,叶基部阔卵形,向上急狭成长舌状,先端圆钝;中肋粗壮,单一,达于叶中上部。

（17）大羽藓 *Thuidium cymbifolium*（Dozy et Molk.）Dozy et Molk.（图 4 - 9 - 11 ~ 14）

羽藓科 Thuidiaceae　羽藓属 *Thuidium*

植物体大,交织成片生长,鲜绿色、黄绿色。茎匍匐,规则 2 ~ 3 回羽状分枝,鳞毛多数,密布于茎和枝上。茎叶三角状圆形或阔三角形,具纵褶,先端呈长毛尖,边缘具细齿,中肋粗壮,达叶尖,叶背具疣;枝叶卵圆形,边缘具细齿,中肋达叶长度的 2/3。该属常见的物种有细枝羽藓[*Thuidium delicatulum*（Hedw.）Mitt.]。

（18）青藓 *Brachythecium pulchellum* Broth. et Par.

青藓科 Brachytheciaceae　青藓属 *Brachythecium*

植物体较大,密集成片平铺生长,黄绿色,稍具光泽,茎匍匐,不规则分枝,生叶枝条圆柱形。叶密生,紧密覆瓦状排列,茎叶与枝叶同形,卵状披针形,具纵褶,先端长渐尖,中肋达叶长的 2/3 处终止;雌雄同株或异株,内雌苞片较长。该属常见的物种有羽枝青藓[*Brachythecium plumosum*（Hedw.）B. S. G.]（图 4 - 9 - 15 ~ 17）、溪边青藓（*Brachythecium rivulare* Schimp.）等。

（19）鼠尾藓 *Myuroclada maximowiczii*（Borszcz.）Steere et Schof.（图4-9-18~19）

青藓科 Brachytheciaceae　鼠尾藓属 *Myuroclada*

植物体粗大,平铺生长,黄绿色,稍具光泽。茎匍匐,不规则分枝,枝长短不齐,弧形弯曲,圆条形,顶端锐尖。叶覆瓦状贴生,宽大

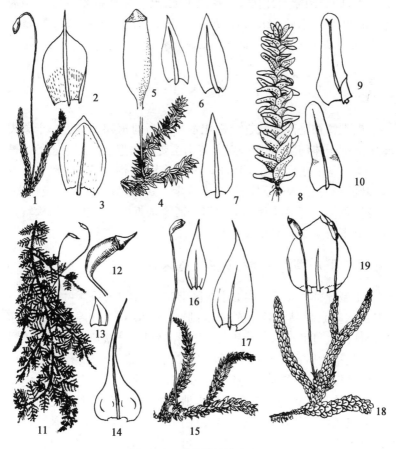

图4-9　苔藓植物代表(3)

1~3真藓:1植株,2~3拟叶;4~7中华细枝藓:4部分植株,5孢蒴,6~7拟叶;8~10小牛舌藓:8配子体,9~10拟叶;11~14大羽藓:11植株一部分,12孢蒴,13~14拟叶;15~17羽枝青藓:15部分植株,16~17拟叶;18~19鼠尾藓:18部分植株,19拟叶

于长,强烈内凹。全世界只有 1 种。

(20) 深绿绢藓 *Entodon luridus*（Griffth.）Jaeg.

绢藓科（Entodontaceae） 绢藓属（*Entodon*）

植物体较粗大,鲜绿色,有光泽。茎匍匐,不规则或者近羽状分枝,分枝伸展,具叶枝条圆柱形。叶密生,茎叶与枝叶同形,茎叶较枝叶大,阔长圆卵形,内凹,先端急尖或圆钝,中肋极短,2 条。该属常见的物种有绢藓［*Entodon cladorrhizans*（Hedw.）C. Müll.］、横生绢藓［*Entodon prorepens*（Mitt.）Jaeg.］等。

4.4 蕨 类 植 物

蕨类植物是孢子植物中进化水平最高的植物类群。由于蕨类植物的配子体均微小,野外对其鉴别主要依据孢子体的形态特征进行分类。主要依据的分类特征有茎的形态、结构、生长状态、分枝方式,叶的形态、结构、质地,孢子囊着生方式、囊群盖的有无及形态,以及植物体表面的鳞片和毛被等。通常依据叶的形态和结构特点先区分出小型叶蕨类和真蕨类,然后作进一步的区分。

4.4.1 小型叶蕨类和真蕨类的区分

小型叶蕨类和真蕨类的主要区别在于:小型叶蕨类叶鳞片状或细长(水韭),仅具 1 条叶脉或无叶脉(松叶蕨),无叶隙和叶柄。东灵山地区仅可见石松亚门和楔叶亚门的植物:石松亚门仅有卷柏科卷柏属,植物体具地上茎,鳞片状叶常成 4 行排列,有 2 行中叶,2 行侧叶;具根托;分枝顶端形成孢子叶穗。楔叶亚门仅有木贼科木贼属,植物体具直立的地上茎和横走地下的根状茎,具明显的节和节间;叶三角状鳞片形,褐色,在茎枝的节部轮生,叶的侧面彼此结合成鞘状;形成孢子叶穗。真蕨类的叶形态多样,具叶隙,有叶柄,叶脉分枝形成各种脉序,叶有单叶和复叶之分,具有幼叶拳卷现象;真蕨类的孢子囊不是单生于孢子叶上,而是由多个孢子囊聚集成群,生于孢子叶的背面或背面边缘。不同的真蕨植物其孢子囊群的生长位置、形状、大小等有所不同,为重要的分类依据。大多数真蕨植物的每个孢子囊群还有一种膜质的保护结构——囊群盖,囊群盖的形状及有无也是重要的分类依据。

4.4.2 实习地区常见蕨类植物的识别

4.4.2.1 小型叶蕨类

(1) 垫状卷柏 *Selaginella pulvinata*（Hook. et Grev.）Maxim.（图 4 – 10 – 1 ~ 3）

卷柏科 Selaginellaceae　卷柏属 *Selaginella*

小型石生蕨类,丛生,呈莲座状,干后拳卷。根为散生,枝背腹扁平。叶鳞片状,中生叶两排直向排列,内缘呈两平行线。孢子囊穗生小枝顶端。

(2) 中华卷柏 *Selaginella sinensis*（Desv.）Spring（图 4 – 10 – 4 ~ 6）

卷柏科 Selaginellaceae　卷柏属 *Selaginella*

低矮匍匐小草本。枝二叉分枝,背腹扁平。侧生叶与中生叶同形,卵状椭圆形,呈鳞片状,极小。孢子囊穗近四棱形,生于小枝顶端。

(3) 问荆 *Equisetum arvense* L.（图 4 – 10 – 7 ~ 10）

木贼科 Equisetaceae　木贼属 *Equisetum*

地上茎二型,具明显的节和节间,叶退化为鳞片状,下部联合为筒状。早春抽出褐色不分枝的孢子茎,孢子囊穗状,着生顶端,孢子成熟后即枯萎;初夏再由同一根状茎上生出绿色多分枝的营养茎,分枝斜向上伸展。

(4) 节节草 *Equisetum ramosissimum* Desf.（图 4 – 10 – 11 ~ 13）

木贼科 Equisetaceae　木贼属 *Equisetum*

地上茎一型,较细,径 1 ~ 3 mm,灰绿色,具明显的节和节间,基部分枝,中空,有棱脊。叶退化,基部合生成鞘。孢子囊穗生于分枝顶端。为常见田间杂草。

4.4.2.2 真蕨类

(1) 蕨 *Pteridium aquilinum*（Linn.）Kuhn var. *latiusculum*（Desv.）Underw. ex Heller（图 4 – 10 – 14 ~ 16）

蕨科 Pteridiaceae　蕨属 *Pteridium*

又称蕨菜。大型多年生草本,根状茎长而横走。幼叶拳卷,成

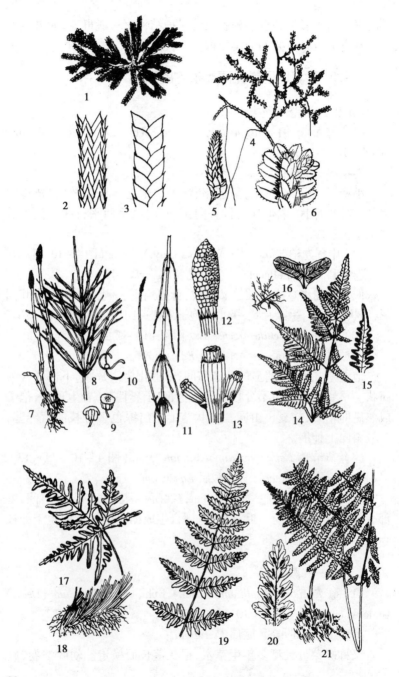

图 4 - 10　蕨类植物代表(1)

1 ~ 3 垫状卷柏:1 植株,2 枝背面观,3 枝腹面观;4 ~ 6 中华卷柏:4 部分植株,5 孢子叶穗,6 小枝背面观;7 ~ 10 问荆:7 生殖枝,8 营养枝,9 孢囊柄,10 孢子和弹丝;11 ~ 13 节节草:11 植株一部分,12 孢子叶穗,13 主枝的节;14 ~ 16 蕨:14 部分植株,15 小羽片,16 裂片;17 ~ 18 银粉背蕨:17 叶,18 根茎及不定根;19 华北粉背蕨;20 ~ 21 黑鳞短肠蕨:20 小羽片,21 部分植株

熟后展开,有长而粗壮的叶柄;叶片阔三角形或长圆状三角形,为 2 ~ 3 回羽状。孢子囊群线形,被囊群盖和叶缘背卷所形成的膜质假囊群盖双层遮盖。

(2) 银粉背蕨 *Aleuritopteris argentea* (Gmél.) Fée (图 4 - 10 - 17 ~ 18)

中国蕨科 Sinopteridaceae　粉背蕨属 *Aleuritopteris*

低矮小草本,根状茎直立。叶柄栗褐色,有光泽;叶片五角形,3 回羽裂,背面有乳白或淡黄色粉末。孢子囊群着生于叶缘,为膜质的囊群盖包被。

(3) 华北粉背蕨 *Aleuritopteris kuhnii* (Milde) Ching (图 4 - 10 - 19)

中国蕨科 Sinopteridaceae　粉背蕨属 *Aleuritopteris*

根状茎短而直立,被阔披针形棕褐色膜质鳞片。叶簇生,叶片长圆状披针形,3 回羽裂,羽片 8 ~ 12 对,背面疏被白粉或白粉脱落。孢子囊群生于小脉顶端,为叶缘反折形成的囊群盖所覆盖。

(4) 黑鳞短肠蕨 *Allantodia crenata* (Sommerf.) Ching (图 4 - 10 - 20 ~ 21)

蹄盖蕨科 Athyriaceae　短肠蕨属 *Allantodia*

根状茎细长横走,黑色,连同叶柄被黑褐色阔披针形鳞片。叶片阔三角形,长宽近相等,二回羽状至三回羽裂;叶柄和叶轴均为禾秆色。孢子囊群长圆形,生于末回裂片小脉中上部,囊群盖成熟时浅褐色,膜质,从一侧张开。

(5) 麦秆蹄盖蕨 *Athyrium fallaciosum* Milde (图 4 - 11 - 1 ~ 3)

蹄盖蕨科 Athyriaceae　蹄盖蕨属 *Athyrium*

根状茎短而斜升,密被深褐色狭披针形的鳞片。叶簇生,叶柄

禾秆色,基部略膨大;叶片倒披针形,二回羽状深裂,下部6~7对羽片逐渐缩小成三角形的小耳片。孢子囊群多为圆肾形或马蹄形,囊群盖大,同形,膜质,灰白色。

(6)华东蹄盖蕨 *Athyrium niponicum*(Mett.)Hance(图4-11-4~6)

蹄盖蕨科 Athyriaceae 蹄盖蕨属 *Athyrium*

大型蕨类植物。根状茎短,顶端连同叶柄基部被棕色披针形鳞片。叶簇生,具禾秆色(新鲜时带紫色)长柄,内有2条维管束;叶片卵形或长圆状卵形,3回羽状分裂,羽片具短柄。孢子囊群短线形或弯钩形,沿小脉上侧着生,囊群盖同型。

(7)中华蹄盖蕨 *Athyrium sinense* Rupr.(图4-11-7~8)

蹄盖蕨科 Athyriaceae 蹄盖蕨属 *Athyrium*

根茎短而斜升,顶端密被褐棕色披针形鳞片。叶簇生,叶柄禾秆色,基部膨大,向下尖削;叶片长圆披针形,下部稍狭,三回羽裂,羽片几无柄。孢子囊群长圆形,着生于裂片小脉上侧,囊群盖与囊群同形,棕色,膜质。

(8)羽节蕨 *Gymnocarpium jessoense*(Koidz.)Koidz.(图4-11-9~12)

蹄盖蕨科 Athyriaceae 羽节蕨属 *Gymnocarpium*

根状茎细长横走。叶远生,叶柄麦秆色;叶片卵状三角形,3回羽状或羽状深裂;羽片5~8对,对生或不完全对生,以关节着生于叶轴,基部1对最大。孢子囊群圆形,背生于侧脉上部,无盖。

(9)北京铁角蕨 *Asplenium pekinense* Hance(图4-11-13~15)

铁角蕨科 Aspleniaceae 铁角蕨属 *Asplenium*

小型石生蕨类。根状茎短而直立。叶簇生,叶柄淡绿色,疏生

图4-11 蕨类植物代表(2)

1~3麦秆蹄盖蕨:1植株,2小羽片背面观,3鳞片;4~6华东蹄盖蕨;4部分植株,5鳞片,6小羽片背面观;7~8中华蹄盖蕨:7植株,8小羽片背面观;9~12羽节蕨:9部分植株,10小羽片背面观,11鳞片,12关节;13~15北京铁角蕨:13植株,14小羽片背面观,15鳞片;16~18过山蕨:16植株,17部分羽片,18鳞片

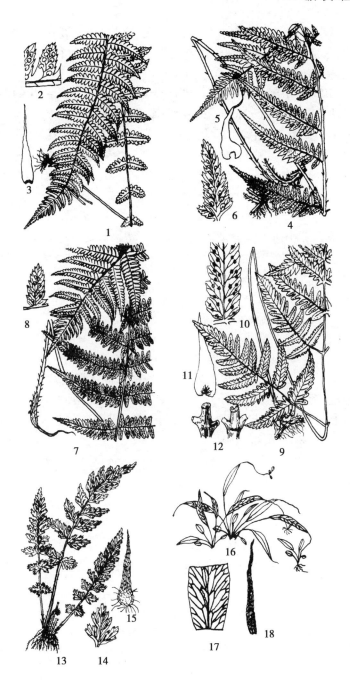

纤维状小鳞片;叶片长圆披针形,2 回羽状或 3 回羽裂,叶轴两侧有狭翅,基部羽片略短。孢子囊群每裂片 1 枚,成熟时往往布满叶下面,囊盖群近矩圆形,全缘。

（10）过山蕨 *Camptosorus sibiricus* Rupr.（图 4 - 11 - 16 ~ 18）

铁角蕨科 Aspleniaceae　过山蕨属 *Camptosorus*

小型蕨类。根状茎短而直立,先端密被黑褐色小鳞片。叶簇生,具柄,单叶,叶片长椭圆形或披针形,全缘或略呈波状,先端渐尖,且延伸成鞭状,能着地生根行无性繁殖。孢子囊群线形,在主脉两侧各形成不整齐的 1 ~ 3 行,囊群盖同形,向主脉开口。

（11）荚果蕨 *Matteuccia struthiopteris*（L.）Todaro（图 4 - 12 - 1 ~ 3）

球子蕨科 Onocleaceae　荚果蕨属 *Matteuccia*

大型蕨类。根状茎短而粗壮,直立。叶簇生,二型;营养叶披针形、倒披针形或长圆形,下部多对羽片逐渐缩小成耳形,二回羽状深裂;孢子叶较短,夏季生出,初时绿色,后变深褐色,一回羽状,羽片两侧向背面反卷成荚果状,包被孢子囊群。

（12）耳羽岩蕨 *Woodsia polystichoides* Eaton（图 4 - 12 - 4 ~ 7）

岩蕨科 Woodsiaceae　岩蕨属 *Woodsia*

小型石生蕨类。根状茎短而直立,密生披针形鳞片。叶簇生,叶柄短,密生鳞片,顶部有关节;叶片为 1 回羽状,羽片 16 ~ 30 对,基部上侧有耳状突起,两面被毛。孢子囊群圆形,生于叶缘细脉顶端,每羽片 2 行,囊群盖碗形。

（13）华北鳞毛蕨 *Dryopteris goeringiana*（Kuntze）Koidz.（图 4 - 12 - 8 ~ 9）

鳞毛蕨科 Dryopteridaceae　鳞毛蕨属 *Dryopteris*

大型蕨类植物。根茎横卧,有阔披针形的棕色鳞片。叶簇生,叶柄淡褐色,内有数条维管束,外被鳞片;叶片卵状矩圆形,3 回羽裂,羽片阔披针形,向基部略变狭。孢子囊群大,近圆形,生于叶下

图 4 - 12　蕨类植物代表(3)

1~3 荚果蕨:1 植株,2 裂片,3 具孢子的羽片横切;4~7 耳羽岩蕨:4 植株,5 羽片,6 叶柄上的关节,7 囊群盖;8~9 华北鳞毛蕨:8 部分植株,9 小羽片;10~12 鞭叶耳蕨:10 植株,11 羽片,12 鳞片;13 北京石韦;14 有柄石韦

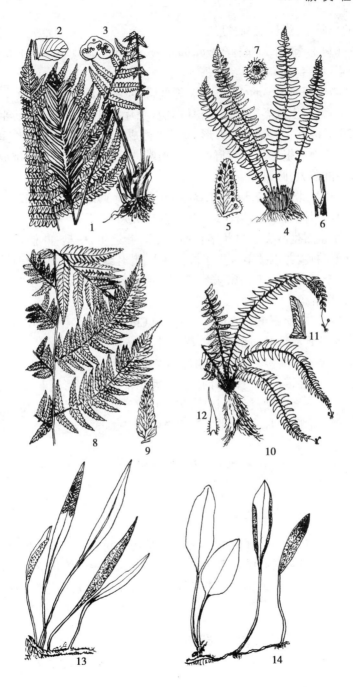

面的小脉上,囊群盖圆肾形。

（14）鞭叶耳蕨 *Polystichum craspedosorum*（Maxim.）Diels
（图 4 – 12 – 10 ~ 12）

鳞毛蕨科 Dryopteridaceae　耳蕨属 *Polystichum*

小型石生蕨类。叶簇生,具短柄;叶片披针形,一次羽状,羽片
达 20 对以上,几无柄,镰刀形,基部上侧成耳状;羽轴顶端延长呈鞭
状,能着地生根。孢子囊群生小脉顶端,在主脉上侧近叶缘排成一
行,囊群盖大,圆盾形。

（15）北京石韦 *Pyrrosia pekinensis*（C. Chr.）Ching（图 4 – 12 – 13）

水龙骨科 Polypodiaceae　石韦属 *Pyrrosia*

小型石生蕨类。根状茎长而横走。叶近生,一型;叶柄基部被
披针形鳞片,并以关节着生于根状茎上;叶片线状披针形,向两端渐
变狭,全缘,革质,下面密被星状毛。孢子囊群圆形,密布于叶片上
部,无囊群盖。

（16）有柄石韦 *Pyrrosia petiolosa*（Christ）Ching（图 4 – 12 – 14）

水龙骨科 Polypodiaceae　石韦属 *Pyrrosia*

小型石生蕨类。根状茎细长,横走。叶远生,二型,叶片厚革
质,干后边缘多反卷,营养叶片与叶柄近等长,卵圆形至长卵形,钝
头,全缘,下面密被灰色星状毛;孢子叶短于叶柄,叶片卵状椭圆形,
通常卷曲成圆筒状,下面密生深褐色的孢子囊群,无囊群盖。

4.5 种 子 植 物

4.5.1 裸子植物

裸子植物是介于蕨类植物和被子植物之间的一群维管植物,它
保留了颈卵器、具有维管束、能产生种子。我国裸子植物资源丰富,
种类约占世界裸子植物的种类 30%,其中有不少是第三纪的孑遗
植物。

4.5.1.1 裸子植物的突出鉴别特征

裸子植物突出的鉴别特征表现在:①裸子植物全为木本植

物,绝大多数为常绿乔木,极少数为灌木或藤本,没有草本;②叶多为针形、条形、钻形、刺形或鳞形,叶背面常形成明显的白色气孔带;③在解剖结构上,木质部多只有管胞而无导管和木纤维,韧皮部只有筛胞而无筛管和伴胞,许多种类在茎的皮层、木质部、韧皮部、髓中和叶的叶肉细胞中分布有树脂道;④形成球花,不具有真正的花,胚珠裸露,不形成果实;⑤可在成熟的植株上看到球果或核果状的种子。

4.5.1.2 实习地区常见裸子植物种类

(1) 白杆 *Picea meyeri* Rehd. et Wils.(图 4 – 13 – 1 ~ 3)

松科 Pinaceae 云杉属 *Picea*

常绿乔木,树形整齐呈塔状。幼枝有毛,芽鳞反卷,1 ~ 2 年生枝黄褐色叶钻形,钝尖,四面有白色气孔线。球果下垂。

(2) 华北落叶松 *Larix gmelinii* var. *principis-rupprechtii* Mayr(图 4 – 13 – 6)

松科 Pinaceae 落叶松属 *Larix*

落叶乔木,树冠圆锥形,有长短枝之分,叶在短枝上簇生、在长枝上散生。球果直立向上,当年成熟,幼时紫红色,分布海拔1 400 m ~ 2 500 m。

(3) 华山松 *Pinus armandii* Franch.

松科 Pinaceae 松属 *Pinus*

常绿乔木,主干粗壮、通直,幼树树皮灰绿、光滑,老树粗厚开裂,枝光滑无毛。叶 5 针一束,叶鞘早落。球果大,鳞脐顶生,种鳞先端不反卷。

(4) 油松 *Pinus tabuliformis* Carr.(图 4 – 13 – 4 ~ 5)

松科 Pinaceae 松属 *Pinus*

常绿乔木,大枝平展。树皮鳞片状开裂。叶 2 针一束。球果 2 年成熟,不脱落,种鳞和鳞脐凸起有刺尖。

(5) 侧柏 *Platycladus orientalis* (L.) Franco(图 4 – 13 – 7 ~ 9)

柏科 Cupressaceae 侧柏属 *Platycladus*

常绿乔木,小枝扁平。全为鳞形叶,长 1 ~ 3 mm,交互对生。雌

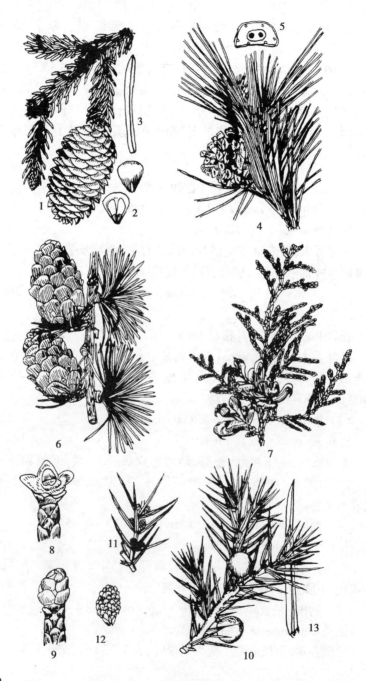

图4-13 裸子植物代表

1~3白杆:1球果枝,2珠鳞背腹面,3钻形叶;4~5油松:4球果枝,5针叶横切;6华北落叶松;7~9侧柏:7球果枝,8雌球花,9雄球花;10~13杜松:10球果枝,11雄球花枝,12雄球花,13刺形叶

雄同株,球果当年成熟,熟则开裂,种鳞木质。

（6）杜松 *Juniperus rigida* Sieb. et Zucc.（图4-13-10~13）

柏科 Cupressaceae　刺柏属 *Juniperus*

常绿灌木或乔木。叶刺形,3枚轮生。球果卵球形,种鳞3枚,2年成熟,浆果状,成熟不开裂,熟时黑褐色或蓝黑色。

4.5.2 被子植物

4.5.2.1 被子植物11个亚纲的区别

依据克朗奎斯特系统,被子植物可分为木兰纲(Magnoliopsida)和百合纲(Liliopsida)2个纲(共有11个亚纲),其区别特征如下:

表4-4 克朗奎斯特系统11个亚纲的区别

纲	亚纲	突出鉴别特征	实习地包含类群
木兰纲(双子叶植物纲)	木兰亚纲	两性花,辐射对称,花被分化不明显;雄蕊通常多数,向心发育;雌蕊常具离生心皮;2核花粉,珠被2层,具厚珠心	金粟兰科、马兜铃科、五味子科、毛茛科、小檗科、防己科、罂粟科、紫堇科
	金缕梅亚纲	花部退化,常为单性花;通常仅具有萼片,无花瓣,或为裸花;通常具柔荑花序,风媒传粉	榆科、大麻科、桑科、荨麻科、胡桃科、壳斗科、桦木科
	石竹亚纲	植物体常具甜菜拉因;花被分离或无花瓣;雄蕊离心发育,花粉粒具3核;中轴或特立中央胎座,珠被2层,厚珠心,胚珠弯生或横生;种子常具外胚乳	藜科、苋科、马齿苋科、石竹科、蓼科

纲	亚纲	突出鉴别特征	实习地包含类群
木兰纲 （双子叶 植物纲）	五桠果 亚纲	花通常为辐射对称,离瓣,少数为合瓣或无花瓣;雄蕊多数离心发育,或减少至与花冠裂片同数而对生,花粉粒具 2 核;雌蕊多为合生心皮组成,中轴或侧膜胎座,珠被 1~2 层	芍药科、猕猴桃科、藤黄科、椴树科、锦葵科、堇菜科、葫芦科、秋海棠科、杨柳科、十字花科、杜鹃花科、鹿蹄草科、水晶兰科、柿树科、报春花科
	蔷薇亚纲	花两性或单性,下位、周位至上位;花瓣分离,稀合生;蜜腺各式,常来源于雄蕊,常形成雄蕊内或雄蕊外花盘;雄蕊常多数,向心发育,花粉粒具 2 核;心皮 2 至多数,常合生,多为中轴胎座,珠被 2 层,厚珠心	八仙花科、茶藨子科、景天科、虎耳草科、蔷薇科、云实科、蝶形花科、胡颓子科、千屈菜科、瑞香科、柳叶菜科、山茱萸科、檀香科、桑寄生科、卫矛科、大戟科、鼠李科、葡萄科、亚麻科、远志科、无患子科、槭树科、漆树科、苦木科、芸香科、蒺藜科、酢浆草科、牻牛儿苗科、凤仙花科、五加科、伞形科
	菊亚纲	叶无托叶;花冠合瓣;雄蕊着生于花冠管上,和花冠裂片同数互生或较花冠裂片为少;花粉粒具 2 核或 3 核,具 3 沟孔;心皮常 2,稀 3~5,珠被 1 层,薄珠心	龙胆科、萝藦科、茄科、旋花科、菟丝子科、花荵科,紫草科、马鞭草科、唇形科、车前科、木犀科、玄参科、列当科、苦苣苔科、脂麻科、紫葳科、桔梗科、茜草科、忍冬科、无福花科、败酱科、川续断科、菊科

纲	亚纲	突出鉴别特征	实习地包含类群
百合纲 (单子叶 植物纲)	泽泻亚纲	水生或湿生草本;单叶,平行脉,基部常具鞘;花序常成总状或穗状,花被3数,2轮;雄蕊1~多数,花粉粒具3核;雌蕊常具离生心皮,珠被2层,厚珠心,沼生目型胚乳	水麦冬科
	棕榈亚纲	多为乔木;叶大型,常具网状脉;花小而多,无花被或花被不明显,肉穗花序,外常围以佛焰苞	天南星科
	鸭跖草 亚纲	常为草本,叶互生或基生;花两性,3数;萼片、花瓣区别明显或退化;心皮合生;单沟花粉;珠被2层	鸭跖草科、灯心草科、莎草科、禾本科
	姜亚纲	附生或陆生植物;叶互生,具鞘。花序常具大而显著的苞片;花被片6,雄蕊6,常有数枚花瓣状退化雄蕊;子房下位	
	百合亚纲	叶常互生,平行脉;花两性,3数,花被2轮,花瓣状;雄蕊6、3或至1,花粉粒具2核;珠被2层	百合科、鸢尾科、薯蓣科、兰科

4.5.2.2 实习地区被子植物的分类检索

被子植物各大类的总检索表

1.无绿叶,寄生植物或腐生植物或为树上具绿叶的半寄生植物……(一)
1.自养的绿色植物。
　2.水生或者沼生植物 ……………………………………(二)
　2.陆生植物,非水生或沼生。
　　3.植物体为木质藤本、草质藤本或平卧草本 ……………(三)

71

3. 植物体为直立木本或直立草本。

  4. 茎叶肉质,旱生多浆植物 ……………………………… (四)

  4. 非旱生、肉质多浆植物。

   5. 植物体具刺(叶刺、托叶刺、枝刺、皮刺) ……………… (五)

   5. 植物体不具刺。

    6. 植物体具乳汁或有色汁液 …………………………… (六)

    6. 植物体不具乳汁或有色汁液。

     7. 木本植物

      8. 具有单叶的木本植物 ………………………… (七)

      8. 具有复叶的木本植物 ………………………… (八)

     7. 草本植物。

      9. 叶具网状脉,主根,花4~5数,具2枚子叶

       10. 花为无被花或单被花 ……………………… (九)

       10. 花为双被花,具花萼和花冠。

        11. 花瓣离生 ………………………………… (十)

        11. 花瓣合生 ………………………………… (十一)

      9. 叶具平行叶脉或弧形叶脉,须根系,花常为3数花,

       具一片子叶 ………………………………… (十二)

被子植物各类检索表

(一)无绿叶,寄生或腐生植物,或为具绿叶的半寄生植物

1. 缠绕草本,茎为黄色或橘红色,蒴果 ………… 菟丝子科(Cuscutaceae)

1. 茎直立,不缠绕。

  2. 具绿叶的半寄生植物。

   3. 半寄生于树上,木本,叶为对生 ………… 桑寄生科(Loranthaceae)

   3. 半寄生于其他植物的根上,草本,叶为互生 … 檀香科(Santalaceae)

  2. 叶退化为鳞片状,腐生或寄生植物。

   4. 花为辐射对称,雄蕊为8枚或10枚。腐生植物 …………………

     ………………… 水晶兰科(Monotropaceae)(松下兰属)

   4. 花为两侧对称,雄蕊4枚或1枚。

    5. 子房上位,唇形花冠,雄蕊4,寄生植物 …………………

     ………………………… 列当科(Orobanchaceae)

    5. 子房下位,具唇瓣和合蕊柱,雄蕊1,腐生植物 …………………

     ………………… 兰科(Ochidaceae)(鸟巢兰属)

（二）水生或沼泽生植物

1. 叶为羽状裂,裂片宽或裂片成丝状,或成复叶,沉水或漂浮在水面。

  2. 叶羽状裂片为丝状,花瓣 5 或 6~7,聚合瘦果 ……………………

  …………………… 毛茛科(Ranunculaceae)(水毛茛属)

  2. 叶羽状裂片卵形,花瓣 4,角果 ……………………………………

  …………………… 十字花科(Brassicaceae)(豆瓣菜属)

1. 叶不分裂,线形、披针形或长圆形。

  3. 叶披针形或长椭圆形,长不超过 10 cm。

    4. 具膜质托叶鞘 ……………………………… 蓼科(Polygonaceae)

    4. 不具膜质托叶鞘。

      5. 叶对生,基部抱茎 ……… 玄参科(Scrophulariaceae)(婆婆纳属)

      5. 叶互生或部分对生,不抱茎 ………… 千屈菜科(Lythraceae)

  3. 叶带形,长在 10 cm 以上。

    6. 茎秆三棱形,叶鞘闭合 ……………………… 莎草科(Cyperaceae)

    6. 茎秆圆形,叶片和叶柄之间具叶舌,叶鞘开口 …………………

    ………………………………………… 禾本科(Poaceae)

（三）植物体为木质藤本、草质藤本或平卧草本

1. 植物体不具卷须。

  2. 木质藤本。

    3. 叶互生。

      4. 茎枝具片状髓,冬芽小,包于叶柄基内,浆果 ……………………

      ……………………………… 猕猴桃科(Actinidiceae)

      4. 茎枝不具片状髓。

        5. 叶倒卵形,叶柄带红色,无托叶,果序穗状,浆果 ……………

        ……………………… 五味子科(Schisandraceae)

        5. 叶卵圆形,叶柄黄绿色,托叶小,蒴果 ……………………

        …………………… 卫矛科(Celasraceae)(南蛇藤属)

    3. 叶对生,植物体具白色乳汁 … 萝藦科(Asclepiadaceae)(杠柳属)

  2. 草质藤本或平卧草本。

    6. 植物体具乳汁。

      7. 平卧草本,花形成杯状聚伞花序 …………………………

      …………………… 大戟科(Euphorbiaceae)(地锦草)

      7. 缠绕草本

        8. 叶互生,花冠为漏斗形花冠 ………… 旋花科(Convolvulaceae)

8. 叶对生(至少有一部分叶对生)或轮生。

  9. 花冠为钟形花冠,无副花冠 ……………………

    …………………… 桔梗科(Campanulaceae)(党参属)

  9. 花冠不为钟形花冠,花具副花冠 … 萝藦科(Asclepiadaceae)

6. 植物体不具乳汁。

  10. 叶对生或轮生。

    11. 叶全缘,不分裂。

      12. 叶对生,无托叶;子房上位,蒴果…… 龙胆科(Gentianaceae)

      12. 叶为假轮生,具托叶;子房下位,果双头形 ………………

        ………………………… 茜草科(Rubiaceae)

    11. 叶具裂或叶缘具锯齿。

      13. 单叶,具掌状裂,具托叶 … 大麻科(Canabaceae)(葎草属)

      13. 羽状复叶,具羽状脉,无托叶 ……………………

        ………………… 毛茛科(Ranunculaceae)(铁线莲属)

  10. 叶互生。

    14. 叶柄基部具叶鞘或托叶鞘。

      15. 具膜质托叶鞘,花单被 ………………蓼科(Polygonaceae)

      15. 叶柄基部具叶鞘,花双被 …… 鸭跖草科(Commelinaceae)

    14. 叶不具叶鞘或托叶鞘。

      16. 叶片盾状着生,五角状 ………… 防己科(Menispermaceae)

      16. 叶片不为盾状着生。

        17. 复叶,具托叶。

          18. 叶全缘,蝶形花冠,雄蕊 10,荚果 ………………

          ………………… 蝶形花科(Fabaceae)

          18. 叶具裂或叶缘具锯齿,蔷薇形花冠,雄蕊多数 ………

          ………………… 蔷薇科(Rosaceae)

        17. 单叶或叶为羽状裂,无托叶。

          19. 花单被,结合成管状,心皮 6,蒴果 ………………

          ………………… 马兜铃科(Aristolochiaceae)

          19. 花双被,心皮 2~3。

            20. 花冠漏斗状,5 数,植物体多少具乳汁 ………………

            ………………… 旋花科(Convolvulaceae)

            20. 花被离生,3 数,无乳汁,蒴果具翅 ………………

            ………………… 薯蓣科(Dioscoreaceae)

1. 植物体具卷须。

  21. 单叶或掌状复叶。

    22. 木质藤本,两性花,卷须和叶对生,浆果 ……… 葡萄科(Vitaceae)

    22. 草质藤本,单性花,卷须生于叶腋,瓠果 … 葫芦科(Cucurbitaceae)

  21. 羽状复叶或三出复叶,荚果 ………………… 蝶形花科(Fabaceae)

(四) 植物体肉质或旱生多浆植物

1. 萼片2,基部合生成筒状,雄蕊多数,心皮合生,蒴果盖裂 ………………

  ……………………………… 马齿苋科(Portulacaceae)(马齿苋属)

1. 萼片4~5,雄蕊与花瓣同数或为其2倍,心皮4~5,离生,蓇葖果 ……

  ……………………………………………… 景天科(Crassulaceae)

(五) 植物体具刺(枝刺、托叶刺、皮刺、叶刺、总茎苞片刺状)

1. 叶具透明腺点 ………………………… 芸香科(Rutaceae)(花椒属)

1. 叶不具透明腺点。

  2. 具总苞的头状花序,聚药雄蕊 ………………… 菊科(Compositae)

  2. 不具总苞的头状花序。

    3. 伞形花序,茎和叶柄均具刺………………… 五加科(Araliaceae)

    3. 不成伞形花序。

      4. 叶背具银灰色鳞片 ………… 胡颓子科(Elaeagnaceae)(沙棘属)

      4. 叶背无银灰色鳞片。

        5. 草本。

          6. 具膜质托叶鞘,叶和茎具刺 ………… 蓼科(Polygonaceae)

          6. 不具膜质托叶鞘。

            7. 小苞片具刺 ………… 苋科(Amaranthaceae)(牛膝属)

            7. 茎、或叶、或果具刺 ………………… 茄科(Solanaceae)

        5. 木本。

          8. 茎上具分支刺。

            9. 羽状复叶,荚果 …… 云实科(Caesalpiniaceae)(皂荚属)

            9. 单叶,浆果 ………… 小檗科(Berberidaceae)(小檗属)

           8. 茎上不具分支刺。

            10. 单被花。

              11. 翅果,植物体具枝刺 …… 榆科(Ulmaceae)(刺榆属)

              11. 坚果、壳斗具刺状苞片 … 壳斗科(Fagaceae)(栗属)

            10. 双被花。

              12. 蝶形花冠,荚果………………… 蝶形花科(Fabaceae)

12. 花冠不成蝶形花冠,果不为荚果。

    13. 周位花,雄蕊常多数·················· 蔷薇科(Rosaceae)

    13. 上位花或下位花。

      14. 雄蕊 5,对着花瓣·········· 鼠李科(Rhamnaceae)

      14. 雄蕊和花瓣互生或较花瓣为多。

        15. 雄蕊 5,和花瓣互生,子房下位 ·················

        ················· 茶藨子科(Grossulariaceae)

        15. 雄蕊较花瓣为多,10~15 枚,子房下位 ·······

        ················ 蒺藜科(Zygophyllaceae)

(六)植物体具乳汁或有色液汁

1. 叶对生或轮生。

  2. 心皮 2,离生,蓇葖果 ·············· 萝藦科(Asclepiadaceae)

  2. 心皮 3~5,合生,蒴果,花冠钟形 ·········· 桔梗科(Camlpanulaceae)

1. 叶互生。

  3. 具总苞的头状花序,聚药雄蕊 ······ 菊科(Compositae)

  3. 不具总苞的头状花序,雄蕊分离。

    4. 杯状聚伞花序 ··············· 大戟科(Euphorbiaceae)

    4. 花不排成杯状聚伞化序。

      5. 单被花,聚花果 ·············· 桑科(Moraceae)

      5. 双被花,蒴果。

        6. 花瓣离生,侧膜胎座 ·············· 罂粟科(Papaveraceae)

        6. 花瓣合生,中轴胎座。

          7. 花冠为漏斗形花冠,子房上位. 每室 2 个胚珠 ·········

          ················· 旋花科(Convolvulaceae)

          7. 花冠为钟形花冠,予房下位,每室多数胚珠 ·······

          ················ 桔梗科(Campanulaceae)

(七)具单叶的木本植物

1. 单叶互生。

  2. 植物体常被星状毛。

    3. 花序柄上具披针形的舌状苞片,雄蕊结合成数束 ·············

    ············· 椴树科(Tiliaceae)(椴树属)

    3. 花序柄上不具披针形的舌状苞片。

      4. 雄蕊分离,花药 2 室,核果 ······ 椴树科(Tiliaceae)(扁担杆属)

4. 雄蕊结合为单体雄蕊,花药1室,心皮合生,蒴果或分果 ………
………………………………… 锦葵科(Malvaceae)
2. 植物体不被星状毛。
5. 植物体具柔荑花序。
6. 植物体具乳汁,形成聚花果 ………… 桑科(Moraceae)
6. 植物体无乳汁
7. 花单性,雌雄同株,仅雄花均成柔荑花序,坚果或翅果。
8. 坚果外具木质壳斗 ……………… 壳斗科(Fagaceae)
8. 坚果外具果苞或具叶状、管状总苞 … 桦木科(Betulaceae)
7. 花单性,雌雄异株,蒴果,种子具毛,雌雄花均成柔荑花序 …
………………………………… 杨柳科(Salicaceae)
5. 植物体不具柔荑花序。
9. 叶具三主脉。
10. 叶全缘,早春开花,雌雄异株,具总苞的头状花序,瘦果具
冠毛 ………… 菊科(Compositae)(蚂蚱腿子属)
10. 叶缘具锯齿或具裂。
11. 花具花萼和花冠,雄蕊多数。
12. 雄蕊分离,花药2室 ………… 椴树科(Tiliadceae)
12. 单体雄蕊,花药1室 ………… 锦葵科(Malvaceae)
11. 单被花,雄蕊4~5枚 …………… 榆科(Ulmaceae)
9. 叶不具三主脉,为羽状脉。
13. 叶全缘
14. 花药顶孔开裂 …………… 杜鹃花科(Ericaceae)
14. 花药不为顶孔开裂。
15. 具托叶。
16. 无花瓣,心皮常3,合生,分果…………
………………………… 大戟科(Euphorbiaceae)
16. 具花瓣,梨果 ……… 蔷薇科(Rosaceae)(栒子属)
15. 不具托叶。
17. 花瓣合生、浆果 ……………… 柿树科(Ebenaceae)
17. 花瓣离生,核果或3心皮的分果。
18. 花序上的不育花梗成羽毛状,心皮2,核果 ………
………………………… 漆树科(Anacardiaceae)(黄栌属)

77

18. 无羽毛状的不育花梗,心皮 3,分果 ……………
…………………………… 大戟科(Euphorbiaceae)
13. 叶缘具锯齿或裂。
19. 叶具三出脉。
20. 无花瓣,翅果、核果,雄蕊与萼片对生 …………
…………………… 榆科(Ulmaceae)(朴属、青檀属)
20. 具花瓣,雄蕊与花瓣对生 ……… 鼠李科(Rhamnaceae)
19. 叶具羽状脉或掌状脉。
21. 单被花,翅果(或为小坚果具翅) …… 榆科(Ulmaceae)
21. 花具萼片和花瓣(双被花)。
22. 具托叶,花辐射对称,核果,梨果 … 蔷薇科(Rosaceae)
22. 不具托叶。
23. 心皮 5,离生,子房上位,蓇葖果…………………
…………………… 蔷薇科(Rosaceae)(绣线菊属)
23. 心皮 2,合生,子房下位,浆果…………………
………………………… 茶藨子科(Grossulariaceae)
1. 单叶对生。
24. 双翅果,叶缘具裂 ………………… 槭树科(Aceraceae)
24. 果不为双翅果。
25. 具叶柄间的三角形托叶,花紫色 …… 茜草科(Rubiaceae)
25. 不具叶柄间托叶。
26. 叶、枝具星状毛。
27. 冬芽裸露,枝中空,核果…… 忍冬科(Caprifoliaceae)(荚蒾属)
27. 芽具芽鳞,蒴果 ……… 虎耳草科(Saxifragaceae)(溲疏属)
26. 叶、枝不具星状毛。
28. 子房下位或半下位。
29. 雄蕊多数,蒴果,叶具三主脉 …………………
…………… 虎耳草科(Saxifragaceae)(山梅花属)
29. 雄蕊 4~5 枚。
30. 叶脉近弧形,顶生聚伞花序,花瓣分离 …………
……………………………… 山茱萸科(Cornaceae)
30. 叶脉不成弧形,花序腋生或顶生,花冠合生 …………
……………………………… 忍冬科(Caprifoliaceae)

28. 子房上位。

  31. 无花被或单被花。

    32. 无花被, 雄蕊 3 ·············· 金粟兰科 (Chloranthaceae)

    32. 具单层花被, 花被合生成管状, 核果, 具 1 粒种子 ·····
············· 瑞香科 (Thymelaeaceae)

  31. 具萼片和花瓣。

    33. 花瓣离生。

      34. 雄蕊对着花瓣 ·············· 鼠李科 (Rhamnaceae)

      34. 雄蕊对着萼片, 种子具红色假种皮 ·············
·············· 卫矛科 (Celastraceae)

    33. 花瓣合生。

      35. 花辐射对称, 雄蕊 2 枚 ·········· 木犀科 (Oleaceae)

      35. 花两侧对称, 雄蕊 4 枚。

        36. 子房四深裂, 花柱生于子房的基部, 形成 4 个小坚果
··············· 唇形科 (Labiatae)

        36. 子房不裂, 花柱顶生, 蒴果或核果 ·············
·············· 马鞭草科 (Verbenaceae)

(八) 具有复叶的木本植物

1. 复叶对生。

  2. 羽状复叶。

    3. 单翅果, 雄蕊 2 枚 ·············· 木犀科 (Oleaceae) (白蜡树属)

    3. 浆果, 雄蕊 4~5 枚 ·········· 忍冬科 (Caprifoliaceae) (接骨木属)

  2. 掌状复叶, 花两侧对称, 核果 ····· 马鞭草科 (Verbenaceae) (牡荆属)

1. 复叶互生。

  4. 掌状复叶, 伞形花序, 浆果 ·············· 五加科 (Araliaceae)

  4. 羽状复叶。

    5. 叶为羽状复叶或三出复叶。

      6. 单翅果, 奇数羽状复叶, 叶背边缘有腺体 ·············
·············· 苦木科 (Simaroubaceae)

    6. 不为翅果。

      7. 植物体具片状髓、核果状·············· 胡桃科 (Juglandaceae)

      7. 植物体不具片状髓。

        8. 蝶形花冠, 荚果 ·············· 蝶形花科 (Fabaceae)

        8. 不为蝶形花冠, 不为荚果。

9. 周位花,雄蕊多数 ················ 蔷薇科(Rosaceae)

9. 雄蕊为定数,5~10 枚。

  10. 裸芽、核果 ······· 苦木科(Simaroubaceae)(苦木属)

  10. 芽具芽鳞。

    11. 顶小叶常退化,成偶数羽状复叶,全缘,核果 ······

    ··············· 漆树科(Anacardhceae)(黄连木属)

    11. 奇数羽状复叶,叶缘具锯齿或裂。

      12. 雄蕊 8~10,2 轮 ········ 无患子科(Sapindaceae)

      12. 雄蕊 10,5 个发育,5 个退化,花丝基部结合成短

        的雄蕊管 ·············· 楝科(Meliaceae)

(九) 草本双子叶植物,无被花或单被

1. 植物体具托叶鞘 ·················· 蓼科(Polygonaceae)

1. 植物体不具托叶鞘。

  2. 雄蕊 10 枚或更少。

    3. 叶片 4,生于茎顶,雄蕊 3,无花被 ···· 金粟兰科(Chloranthaceae)

    3. 植物体不为上状。

      4. 子房下位,叶互生 ············ 檀香科(Santalaceae)

      4. 子房上位。

        5. 短角果,网扇形,萼片 4 枚,雄蕊 6 或 2~4 枚 ···············

        ············· 十字花科(Brassicaceae)(独行菜属)

        5. 果不为短角果。

          6. 花两性。

            7. 花被管状,1 心皮,1 室,1 胚珠,核果 ···············

            ··············· 瑞香科(Thymelaeaceae)

            7. 花被不为管状,心皮 2~3,胚珠 1 至多数。

              8. 胚珠 1 个,基生。

                9. 萼片草质,雄蕊分离,植物体常具泡状粉 ·········

                ············· 藜科(Chenopodiaceae)

                9. 萼片干膜质,雄蕊基部合生 ··· 苋科(Amaranthaceae)

              8. 胚珠多数,中轴胎座 ······· 虎耳草科(Saxifragaceae)

          6. 花单性。

            10. 花柱 2 条 ············· 大麻科(Canabaceae)

            10. 花柱 1 条,植物体常具螫毛 ········ 荨麻科(Urticaceae)

  2. 雄蕊多数。

11. 心皮 3,合生,雌雄同株。

  12. 叶基偏斜 ················· 秋海棠科(Begoniaceae)

  12. 叶基不偏斜,叶片盾状着生,三分果 ·············

    ············· 大戟科(Euphorbiaceae)

11. 心皮 1 至多数,离生 ········· 毛茛科(Ranunculaceae)

(十) 草本双子叶植物,双被花,花瓣离生

1. 雄蕊多数。

  2. 雄蕊分离或结合成数束。

   3. 叶具透明腺点,叶对生,无托叶,心皮 3~5,蒴果,中轴胎座 ·········

    ············· 藤黄科(Guttiferae)

  3. 叶中不具透明腺点。

   4. 萼片 2,蒴果盖裂,胚珠多数,特立中央胎座 ·············

    ············· 马齿苋科(Portulacaceae)

  4. 果成熟时不为盖裂。

   5. 周位花。

    6. 叶对生,花瓣具细柄,边缘皱波状,蒴果 ·············

     ············· 千屈菜科(Lythraceae)

    6. 叶互生,花瓣不成皱波状。

     7. 萼片 2,花瓣 4,蒴果 ·········· 罂粟科(Papaveraceae)

     7. 萼片 4~5,果不为蒴果 ············· 蔷薇科(Rosaceae)

   5. 下位花。

    8. 心皮离生,无托叶,蓇葖果或瘦果。

     9. 花无花盘,花直径在 6 cm 以下;雄蕊向心发育 ·············

      ············· 毛茛科(Ranunculaceae)

     9. 花有环状或杯状花盘,花直径在 7 cm 以上;雄蕊离心发育

      ············· 芍药科(Paeoniaceae)

    8. 心皮合生,蒴果。

     10. 无花盘,单叶,不裂,有时被星状毛 ··· 椴树科(Tiliaceae)

     10. 具花盘,叶 3~5 全裂,裂片线状披针形或线形 ·········

      ············· 蒺藜科(Zygophyllaceae)

  2. 雄蕊花丝结合成单体,植物体常被星状毛 ········ 锦葵科(Malvaceae)

1. 雄蕊 10 枚或更少。

  11. 花辐射对称。

   12. 复伞形花序,双悬果,子房下位 ············· 伞形科(Umbelliferae)

12. 不为伞形花序。

  13. 子房下位,花 4 数,蒴果 ················ 柳叶菜科(Onagraceae)

  13. 子房上位。

    14. 子房 1 室或因假隔膜而成 2 室,侧膜胎座或特立中央胎座。

      15. 叶对生,子房 1 室,特立中央胎座 ················

      ············ 石竹科(Caryophyllaceae)

      15. 叶互生,侧膜胎座。

        16. 萼片 2,早落,花瓣 4,雄蕊 4,蒴果 ················

        ············ 罂粟科(Papaveraceae)(角茴香属)

        16. 萼片 4,雄蕊 6,雄蕊 4 长 2 短,四强雄蕊,角果 ········

        ············ 十字花科(Brassicaceae)

    14. 子房 2~5 室,中轴胎座。

    17. 羽状复叶或三出复叶。

      18. 具花盘,偶数羽状复叶、互生,蒴果具刺 ················

      ············ 蒺藜科(Zygophyllaceae)

      18. 无花盘,三出复叶 ················ 酢浆草科(Oxalidaceae)

    17. 单叶。

      19. 蒴果具长喙 ················ 牻牛儿苗科(Geraniaceae)

      19. 果不具喙。

        20. 周位花。

          21. 雄蕊着生杯状花托边缘 ····· 虎耳草科(Saxifragaceae)

          21. 雄蕊着生杯状或管状化托内侧 ················

          ············ 千屈菜科(Lythraceae)

        20. 下位花,雄蕊 10,结合,子房 10 室,蒴果 ············

        ············ 亚麻科(Linaceae)

11. 花两侧对称。

22. 花具距。

  23. 心皮 3,叶基生或茎生,托叶在叶柄基部结合 ················

  ············ 堇菜科(Violaceae)

  23. 心皮 2 或 5,合生。

    24. 心皮 2,侧膜胎座,1 室 ················ 紫堇科(Fumariaceae)

    24. 心皮 5,中轴胎座,5 室 ········ 凤仙花科(Balsaminaceae)

22. 花不具距。

  25. 心皮 1,蝶形花冠,荚果具多数种子,具托叶 ················

  ············ 蝶形花科(Fabaceae)

25. 心皮 2,蒴果每室 1 种子,无托叶 ……… 远志科(Polygalaceae)

(十一) 草本双子叶植物,双被花,花瓣合生

1. 子房下位。

  2. 具总苞的头状花序,胚珠单生。

    3. 每花具 1 杯状小总苞,雄蕊 4,分离、胚珠顶生 …………………
…………………………… 川续断科(Dipsacaceae)

    3. 每花不具小总苞,聚药雄蕊,胚珠基生 ……… 菊科(Compositae)

  2. 花不成具总苞的头状花序。

    4. 雄蕊 1~3,子房仅具 1 胚珠,连萼瘦果;常具翅 …………………
…………………………… 败酱科(Valerianaceae)

    4. 雄蕊 4~5,子房具 2 至数个胚珠。

     5. 小草本,茎生叶仅具对生叶 2 枚,三出复叶,花小,5 朵聚成头状,
花辐射对称 ………… 五福花科(Adoxaceae)

     5. 叶对生或因叶柄间托叶而成轮生状,花序通常成聚伞状 ………
…………………………… 茜草科(Rubiaceae)

1. 子房上位。

  6. 花辐射对称。

    7. 花冠干膜质,4 裂,雄蕊 4,蒴果盖裂,叶基生,具弧形叶脉 ………
…………………………… 车前科(Plantaginaceae)

    7. 花不为上述特征。

     8. 雄蕊对着花瓣,胚珠多数,特立中央胎座 …………………
…………………………… 报春花科(Primulaceae)

     8. 雄蕊和花瓣互生,或与花瓣数目不等。

      9. 叶对生。

       10. 雄蕊与花瓣相等,4~5 枚,侧膜胎座 …………………
…………………………… 龙胆科(Gentianaceae)

       10. 雄蕊较花瓣数为少,2 枚 …………………
………… 玄参科(Scrophulariaceae)(婆婆纳属)

      9. 叶互生或基生。

       11. 雄蕊 10,花药孔裂,无托叶 ……… 鹿蹄草科(Pyrolaceae)

       11. 雄蕊与花冠裂片相等。

        12. 子房四深裂,形成 4 个小坚果 … 紫草科(Boraginaceae)

        12. 子房不四深裂,每室具多数胚珠。

         13. 子房 3 室,花冠卷旋状排列 …… 花荵科(Polemoniaceae)

13. 子房 2 室 ……………………… 茄科(Solanaceae)

6. 花两侧对称。

14. 叶互生。

15. 蒴果成长角状,种子具翅,花粉红色 …………………
…………………… 紫葳科(Bignoniaceae)(角蒿属)

15. 蒴果不成长角状,种子不具翅……… 玄参科(Scrophulariaceae)

14. 叶对生,至少下部的叶为对生,稀基生。

16. 子房每室具多数胚珠。

17. 子房 1 室,侧膜胎座,叶常基生…… 苦苣苔科(Gesneriaceae)

17. 子房 2~4 室,中轴胎座。

18. 植物体具腺毛,子房最后形成4室 … 脂麻科(Pedaliaceae)

18. 植物体不具腺毛,子房2室…… 玄参科(Scrophulariaceae)

16. 子房每室具 1 胚珠。

19. 子房四深裂,花柱生于子房基部,形成 4 个小坚果,茎常 4 棱
…………………………… 唇形科(Labiatae)

19. 子房不四裂,花柱顶生,萼具钩状牙齿,花在果时下弯 ……
…………… 马鞭草科(Verbenaceae)(透骨草属)

(十二) 草本单子叶植物,平行叶脉或弧形叶脉,花常为 3 数

1. 禾草状植物。

2. 具花被。

3. 穗形的总状花序,蒴果熟时裂成 3~6 瓣,每果瓣内仅具1种子 …
…………………… 水麦冬科(Juncagillaceae)

3. 花序聚伞状,蒴果室背开裂成 3 瓣,内含多数至 3 枚种子 ………
…………………… 灯心草科(Juncaceae)

2. 花被特化成鳞片状或刚毛状,包于壳状的稃片或鳞片内。

4. 秆圆形,中空,叶二列,互生排列,叶鞘常开口,颖果 …………
…………………… 禾本科(Gramineae)

4. 秆三棱形、实心,叶三列,互生排列,叶鞘闭合,小坚果或囊果 …
…………………… 莎草科(Cyperaceae)

1. 非禾草状植物。

5. 叶具柄,网状脉,肉穗花序,外同以佛焰苞……… 天南星科(Araceae)

5. 叶不具柄,花序外不具佛焰苞。

6. 叶具闭合叶鞘,花外常包以叶状苞片,雄蕊 6 或 3,常具退化雄蕊
…………………… 鸭跖草科(Commelinaceae)

6. 叶不具叶鞘。

　　7. 子房上位,地下部分常具鳞茎、块茎和根状茎,蒴果或浆果 ……

　　…………………………………………………… 百合科(Liliaceae)

7. 子房下位。

　　8. 花辐射对称,雄蕊3,叶基成套褶状 …… 鸢尾科(Iridaceae)

　　8. 花两侧对称,花被内轮中央1片成唇瓣,具合蕊柱和花粉块

　　…………………………………………………… 兰科(Orchidaceae)

4.5.2.3 实习地区被子植物常见种类的识别

(1) 木兰亚纲

（1-1）金粟兰科(Chloranthaceae)

银线草 *Chloranthus japonicus* Sieb.(图4-14)　金粟兰属 *Chloranthus*

多年生草本;茎直立不分枝;叶常4片集生茎顶;花药具显著突出的线形药隔,长约5 mm;雌蕊无花柱。核果近球形。

（1-2）马兜铃科(Aristolochiaceae)

北马兜铃 *Aristolochia contorta* Bunge(图4-15)　马兜铃属 *Aristolochia*

　　缠绕草本;叶互生,三角状心形或卵状心形,具7条主脉;花被管状,基部成球形,具6条隆起的纵脉;蒴果下垂,种子具膜质翅。

图4-14　银线草　　　　　图4-15　北马兜铃

（1 – 3）五味子科（Schisandraceae）

北五味子 *Schisandra chinensis* (Turcz.) Baill. （图 4 – 16） 五味子属 *Schisandra*

落叶木质藤本；单叶互生，花单性，雌雄异株，雄蕊 5 枚，雌蕊群椭圆形，果时成穗状聚合浆果，熟时紫红色。

图 4 – 16 北五味子

（1 – 4）毛茛科（Ranunculaceae）

① 两色乌头 *Aconitum alboviolaceum* Kom. 乌头属 *Aconitum*

缠绕草本，根圆柱形；叶片五角状肾形，基部心形，3 中裂；总状花序，具 3 ~ 8 花，轴及花梗密被伸展的短柔毛；萼片白色或淡紫色，上萼片圆筒形；蓇葖果。

② 牛扁 *Aconitum barbatum* Kers. var. *puberulum* Ledeb.（图 4 – 17） 乌头属

多年生草本；具直根，叶圆肾形，掌状全裂，裂片间有褐色斑痕；总状花序，密被反曲的微柔毛；萼片 5，黄色，上萼片圆筒形；蓇葖果。

③ 草乌 *Aconitum kusnezoffii* Reichb.（图 4 – 18） 乌头属

多年生草本；块根圆锥形，茎中部叶五角形，基部心形，3 全裂；花序常分支，无毛；萼片 5，紫蓝色，上萼片盔形；蓇葖果。

图4-17 牛扁

图4-18 草乌

④ 类叶升麻 *Actaea asiatica* Hara(图4-19) 类叶升麻属 *Actaea*

多年生草本;2~3回3出复叶;花小,成总状花序,雄蕊多数,心皮1;浆果熟时紫黑色。

⑤ 银莲花 *Anemone cathayensis* Kitag.（图4-20） 银莲花属 *Anemone*

多年生草本;叶通常基生,叶片圆肾形,3全裂,裂片2~3深裂,两面无毛;总苞片通常5,无柄,花成聚伞状花序,花白色,直径约2.5 cm;聚合瘦果。

⑥ 小花草玉梅 *Anemone rivularis* Buch. -Ham. var. *flore-minore* Maxim.（图4-21） 银莲花属

多年生草本,无毛;叶片肾状五角形,基部心形,3全裂;聚伞花序,总苞3,具鞘状柄;花白色,直径约1.5 cm;瘦果无毛,宿存花柱钩状弯曲。

⑦ 华北耧斗菜 *Aquilegia yabeana* Kitag.（图4-22） 耧斗菜属 *Aquilegia*

多年生草本;基生叶具长柄,1~2回3出复叶,茎生叶较小;花下垂,萼片、花瓣均为紫色,花瓣距末端弯曲呈钩状;雄蕊不伸出花瓣,退化雄蕊白色;蓇葖果,种子黑色。

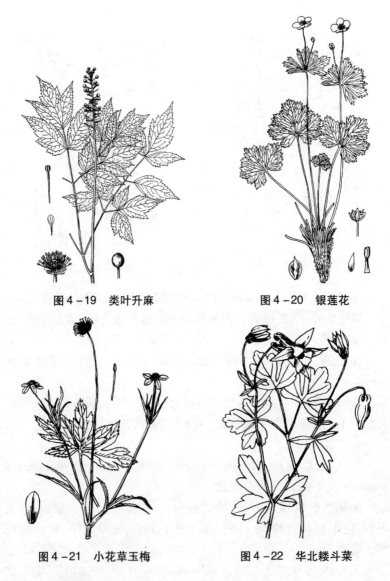

图 4-19　类叶升麻　　　　　　图 4-20　银莲花

图 4-21　小花草玉梅　　　　　图 4-22　华北耧斗菜

⑧升麻(兴安升麻、北升麻)*Cimicifuga dahurica* (Turcz.) Maxim.
升麻属 *Cimicifuga*

多年生草本;茎有棱槽,下部茎生叶为 2～3 出复叶,叶片轮廓三角形。圆锥花序,花单性,雌雄异株;退化雄蕊 2～4 枚;蓇葖果。

⑨ 芹叶铁线莲 *Clematis aethusifolia* Turcz. (图 4 - 23)　铁线莲属 *Clematis*

草质藤本;叶 3~4 回羽状细裂,末回裂片线状披针形。聚伞花序腋生,花萼钟状,萼片 4,浅黄色;雄蕊多数,长为萼片一半,花丝有毛。

⑩ 短尾铁线莲 *Clematis brevicaudata* DC. (图 4 - 24)　铁线莲属

草质藤本;1 至 2 回羽状复叶或 2 回 3 出复叶,小叶边缘疏生粗锯齿或牙齿,圆锥状聚伞花序腋生或顶生,常比叶短;萼片 4,开展,白色;瘦果卵形,密生柔毛。

图 4 - 23　芹叶铁线莲　　　　图 4 - 24　短尾铁线莲

⑪ 大叶铁线莲 *Clematis heracleifolia* DC. (图 4 - 25)　铁线莲属

直立草本或半灌木。3 出复叶;小叶片宽卵圆形至近于圆形,花序顶生或腋生,花杂性,雄花与两性花异株;花萼管状,顶端常反卷;萼片 4 枚,蓝紫色。

⑫ 棉团铁线莲 *Clematis hexapetala* Pall. (图 4 - 26)　铁线莲属

直立草本;叶对生,1 至 2 回羽状深裂;聚伞花序顶生或腋生,通常 3 花,有时单生;萼片 6,白色,展开;瘦果具 2.2 cm 长的羽毛状花柱。

图 4 – 25　大叶铁线莲　　　　　　　图 4 – 26　棉团铁线莲

⑬ 黄花铁线莲 *Clematis intricata* Bunge(图 4 – 27)　铁线莲属
草质藤本;1 至 2 回羽状复叶;聚伞花序腋生,通常为 3 花;花
萼钟形,淡黄色;萼片 4,黄色;瘦果具 5 cm 长的羽毛状花柱。

⑭ 翠雀 *Delphinium grandiflorum* L.(图 4 – 28)　翠雀属 *Delphinium*
多年生草本;叶片圆五角形,3 全裂;总状花序有 3 ~ 15 花;萼片
紫蓝色,距钻形,直或末端稍向下弯曲;花瓣蓝色;雄蕊无毛;心皮
3,聚合蓇葖果。

图 4 – 27　黄花铁线莲　　　　　　　图 4 – 28　翠雀

⑮ 白头翁 *Pulsatilla chinensis*（Bunge）Regel（图 4-29） 白头翁属 *Pulsatilla*

多年生草本；全株密被白色柔毛；叶片宽卵形，三全裂；花葶 1~2，苞片 3，基部合生成筒；花单生，萼片 6，蓝紫色，长圆状卵形；雄蕊长约为萼片之半。聚合瘦果具宿存的羽毛状花柱。

⑯ 茴茴蒜 *Ranunculus chinensis* Bunge（图 4-30） 毛茛属 *Ranunculus*

多年生草本；全株密被开展的柔毛，3 出复叶，叶片宽卵形至三角形，3 深裂，茎上部叶 3 全裂。单歧聚伞花序；花瓣亮黄色；聚合果椭圆形。

图 4-29 白头翁　　　　图 4-30 茴茴蒜

⑰ 毛茛 *Ranunculus japonicus* Thunb.（图 4-31） 毛茛属

多年生草本，全株密被开展或贴伏的柔毛；叶片圆心形或五角形，3 深裂；聚伞花序，花亮黄色，直径 1.5~2.2 cm；聚合果近球形。

⑱ 东亚唐松草 *Thalictrum minus* L. var. *hypoleucum*（Sieb. et Zucc.）Miq.（图 4-32） 唐松草属 *Thalictrum*

多年生草本；3~4 回羽状复叶，小叶卵形，基部圆，上部 3 浅裂，中裂片具 3 个大圆齿；圆锥花序开展，花多数，花丝丝状；瘦果椭圆形，纵棱明显。

图 4 - 31　毛茛

图 4 - 32　东亚唐松草

⑲ 瓣蕊唐松草 *Thalictrum petaloideum* L.（图 4 - 33）　唐松草属
多年生草本；叶 3～4 回 3 出复叶；小叶倒卵形至宽倒卵形；伞
房状聚伞花序，萼片 4，白色，雄蕊花丝上部膨大成呈倒披针形，心
皮 4～13，无柄；瘦果有 8 条纵棱。

⑳ 金莲花 *Trollius chinensis* Bunge（图 4 - 34）　金莲花属 *Trollius*
多年生直立草本；全体无毛；叶片五角形，3 全裂；花单独顶生或

图 4 - 33　瓣蕊唐松草

图 4 - 34　金莲花

2~3 朵组成稀疏的聚伞花序,苞片三裂;萼片椭圆形,花瓣狭线形,均为金黄色;聚合蓇葖果。

(1-5) 小檗科(Berberidaceae)

细叶小檗 *Berberis poiretii* Schneid. (图4-35) 小檗属 *Berberis*

落叶灌木;叶刺单一或三分叉,叶倒披针形至狭倒披针形,近无柄。穗状总状花序,常下垂;萼片6,花瓣状,花瓣6,黄色;浆果熟时鲜红色。

(1-6) 防己科(Menispermaceae)

蝙蝠葛 *Menispermum dauricum* DC. (图4-36)   蝙蝠葛属 *Menispermum*

缠绕藤本;叶盾状三角形至七角形,基部心形;花单性异株,成腋生圆锥状花序;雄花黄绿色,萼片6,花瓣6~8;核果扁球形,紫黑色。

图4-35 细叶小檗

图4-36 蝙蝠葛

(1-7) 罂粟科(Papaveraceae)

① 白屈菜 *Chelidonium majus* L. (图4-37) 白屈菜属 *Chelidonium*

多年生草本;茎多分枝,全株含黄色液汁;叶互生,1~2回羽状全裂;伞形聚伞花序多花;花瓣4,黄色;蒴果狭圆柱形。

② 野罂粟 *Papaver nudicaule* L.(图 4 - 38) 罂粟属 *Papaver*

多年生草本,具乳汁;叶全部基生;花葶 1 至数枚,直立,花单生于花葶先端;萼片 2,早落;花瓣 4,黄色;蒴果狭倒卵形。

图 4 -37 白屈菜   图 4 -38 野罂粟

(1 - 8)紫堇科(Fumariaceae)

① 地丁草 *Corydalis bungeana* Turcz.(图 4 - 39) 紫堇属 *Corydalis*

二年生草本;叶片 2 至 3 回羽状全裂;总状花序,苞片叶状;花瓣 4,淡紫色,后 1 枚基部延伸成距;蒴果扁平似荚果。

② 小黄紫堇 *Corydalis ochotensis* Turcz. var. *raddeana* Regel(图 4 - 40) 紫堇属 *Corydalis*

一年生草本;叶片轮廓三角形,2 至 3 回羽状全裂,末回裂片宽 4 ~ 8 mm;总状花序,花瓣黄色,距长 8 ~ 9 mm;蒴果线形,种子黑色,光滑。

③ 珠果黄堇 *Corydalis speciosa* Maxim. 紫堇属 *Corydalis*

多年生草本;叶互生,2 ~ 3 回羽状全裂,末回裂片线形至披针形;总状花序,密集,顶生;花瓣黄色,距长 8 mm;蒴果线形,种子间收缩成念珠状。

图 4 –39　地丁草

图 4 –40　小黄紫堇

（2）金缕梅亚纲

（2 –1）榆科（Ulmaceae）

① 小叶朴 *Celtis bungeana* Blume（图 4 –41）　朴属 *Celtis*

落叶乔木；小枝无毛；单叶互生，3 出脉，基部偏斜，叶缘仅中上部有锯齿；核果单生叶腋，果柄较叶柄长，果球形，成熟时黑紫色。

② 裂叶榆 *Ulmus laciniata* (Trautv.) Mayr.（图 4 –42）　榆属 *Ulmus*

落叶乔木；单叶互生，叶正面粗糙，先端 3 ~ 7 裂，基部偏斜，叶脉羽状明显，叶缘具重锯齿；周翅果椭圆形。

③ 大果榆 *Ulmus macrocarpa* Hance（图 4 –43）　榆属

落叶小乔木或灌木；枝两侧具木栓质翅；单叶互生，叶面粗糙，下面被毛，叶缘具钝的重锯齿；花簇生于上年生枝的叶腋；周翅果直径 2.5 ~ 3.5 cm，先端具凹陷。

（2 –2）桑科（Moraceae）

蒙桑 *Morus mongolica* (Bur.) Schneid.（图 4 –44）　桑属 *Morus*

落叶小乔木或灌木；枝条紫褐色，单叶互生，叶不裂或 3 ~ 5 裂，叶缘齿端具芒尖；单性异株，雌雄花序均为柔荑花序；聚花果圆柱形。

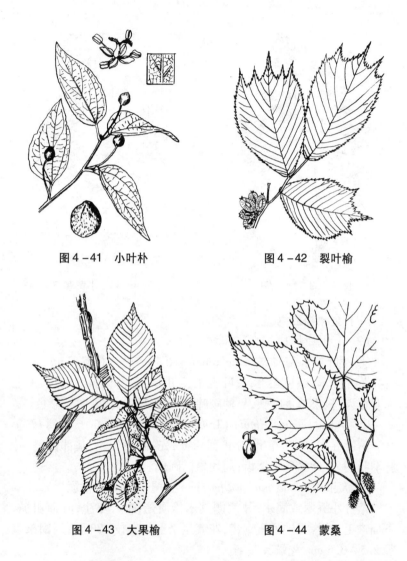

图4-41 小叶朴   图4-42 裂叶榆

图4-43 大果榆   图4-44 蒙桑

（2-3）荨麻科（Urticaceae）

① 蝎子草 *Girardinia cuspidata* Wedd.（图4-45） 蝎子草属 *Girardinia*

一年生草本；通体被蜇毛；单叶互生，卵圆形，基部3出脉，叶缘具粗锯齿；花单性同株，花序腋生；瘦果两面凸出。

② 艾麻 *Laportea macrostachya*（Maxim.）Ohwi（图 4 – 46） 艾麻属 *Laportea*

多年生草本；具蜇毛；单叶互生，卵圆形，先端常浅裂，中央长尾状，叶缘具粗锯齿；花单性同株，雌花序长穗状，雄花序圆锥状；瘦果扁平。

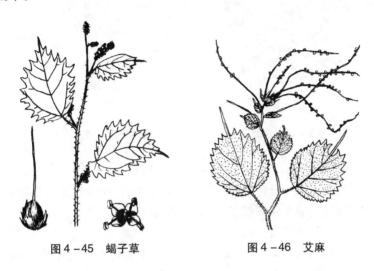

图 4 –45　蝎子草　　　　　　图 4 –46　艾麻

③ 墙草 *Parietaria micrantha* Ledeb.（图 4 –47） 墙草属 *Parietaria*

一年生草本；无蜇毛；茎细弱、肉质；单叶互生，叶全缘，两面疏生短毛；花杂性，雌花、两性花同株，成腋生的聚伞花序；瘦果。

④ 透茎冷水花 *Pilea mongolica* Wedd.（图 4 –48） 冷水花属 *Pilea*

一年生草本；无蜇毛；茎具棱，肉质透明状，无毛；单叶对生，3 主脉，下面叶脉隆起；花单性同株，聚伞花序腋生；瘦果。

⑤ 狭叶荨麻 *Urtica angustifolia* Fisch. ex Hornem（图 4 –49） 荨麻属 *Urtica*

多年生草本；具蜇毛；单叶对生，叶长圆状披针形，叶缘具粗锯齿；花单性异株，花序成狭长的圆锥状；瘦果。宽叶荨麻（*Urtica laetevirens* Maxim.）与前者非常相近，区别在于该种叶片为宽卵形或卵形，雌雄同株，雄花序位于上方，雌花序位于下方。

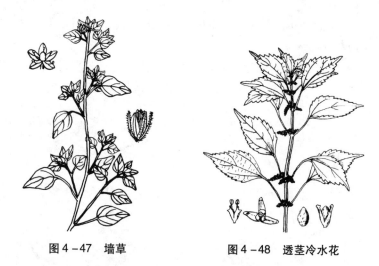

图4-47 墙草　　　　　　图4-48 透茎冷水花

⑥ 麻叶荨麻 *Urtica cannabina* L.　荨麻属

多年生草本;具蜇毛;叶对生,掌状全裂,一回裂片再羽状深裂;花单性同株,雄花序圆锥状,雌花序穗状;瘦果。

（2-4）胡桃科(Juglandaceae)

胡桃楸 *Juglans mandshurica* Maxim.（图4-50）　胡桃属 *Juglans*

落叶乔木;枝具片状髓;奇数羽状复叶,小叶9~17,有锯齿,被柔毛和星状毛;花单性同株,雄花成柔荑花序,雌花序穗状;果核果状。

图4-49 狭叶荨麻　　　　　　图4-50 核桃楸

（2－5）壳斗科（Fagaceae）

① 蒙古栎 *Quercus mongolica* Fisch. ex Turcz.（图 4－51） 栎属 *Quercus*

落叶乔木；小枝无毛；叶倒卵形，叶缘具波状钝锯齿，叶柄短于 0.5 cm，仅幼叶沿脉有毛；雄花序下垂；坚果卵形，1/2～1/3 被壳斗包裹，苞片鳞片状，常具瘤状突起。

② 栓皮栎 *Quercus variabilis* Blume（图 4－52） 栎属

落叶乔木；树皮木栓层发达；叶椭圆形，叶缘具刺芒状锯齿，叶背面密生灰白色毛；雄花序下垂；壳斗包裹坚果 2/3 以上，苞片披针形，反曲。

图 4－51 蒙古栎　　　　图 4－52 栓皮栎

③ 槲栎 *Quercus aliena* Blume 栎属

落叶乔木；叶倒卵形，叶缘具波状钝锯齿，叶背密被灰白色毛，叶柄长 1～2.5 cm；壳斗包裹坚果的 1/3～1/2，苞片鳞片状。

④ 槲树 *Quercus dentata* Thunb.（图 4－53） 栎属

落叶乔木；小枝、叶密被短绒毛；叶缘具波状钝锯齿，叶柄短于 0.5 cm，叶背密被褐色毛；壳斗苞片披针形，红棕色，反曲。

（2－6）桦木科（Betulaceae）

① 棘皮桦（黑桦）*Betula dahurica* Pall.（图 4－54） 桦木属 *Betula*

落叶乔木；树皮黑褐色，龟裂；小枝被长柔毛；叶卵形，侧脉 6～

8 对;果序单生,小坚果椭圆形,膜质翅宽约为果的 1/2。

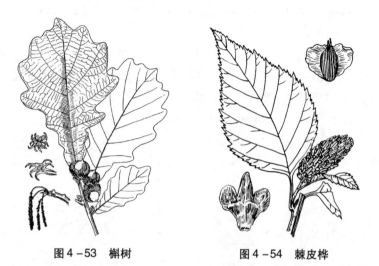

图 4 - 53　槲树　　　　　　　　图 4 - 54　棘皮桦

② 白桦 *Betula platyphylla* Suk.（图 4 - 55）　桦木属

落叶乔木;树皮灰白色,成薄层剥落;小枝无毛;叶三角状卵形,侧脉 5 ~ 7 对,果序单生,下垂,果翅宽于小坚果。

③ 红桦 *Betula albo-sinensis* Burk.　桦木属

落叶乔木;树皮红褐色,成薄层剥落;枝条红褐色,无毛;叶卵状长椭圆形,侧脉 10 ~ 14 对,脉腋间无髯毛;果穗有柄,果翅约为坚果的 1/2。

④ 坚桦 *Betula chinensis* Maxim.（图 4 - 56）　桦木属

落叶灌木或小乔木;树皮黑灰色,纵裂或不开裂;小枝密被柔毛;叶卵形,侧脉 8 ~ 10 对,叶背沿脉被毛;果序近球形,果苞中裂片长为侧裂片 3 ~ 4 倍,小坚果具极窄的翅。

⑤ 硕桦(黄桦) *Betula costata* Trautv.（图 4 - 57）　桦木属

落叶乔木;树皮幼时黄褐色,层片状剥落;小枝褐色,密生黄色树脂状腺体;叶卵形,侧脉 9 ~ 16 对;果序长圆形,果苞中裂片长圆形,果翅为果的 1/2。

⑥ 北鹅耳枥 *Carpinus turczaninowii* Hance（图 4 - 58）　鹅耳枥属 *Carpinus*

落叶乔木;单叶互生,叶卵形,叶缘具重锯齿,侧脉 8 ~ 12 对,下

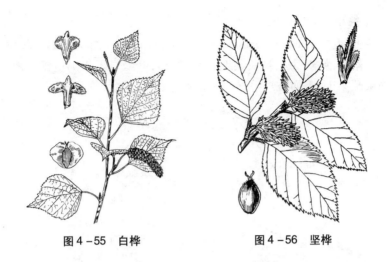

图 4-55　白桦　　　　　　　　图 4-56　坚桦

面脉腋间具髯毛;果序成下垂的长穗状,果苞两侧不对称,内侧基部具 1 小裂片,小坚果卵圆形。

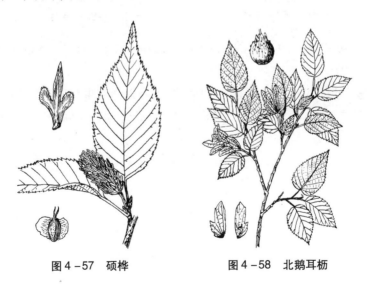

图 4-57　硕桦　　　　　　　　图 4-58　北鹅耳枥

⑦ 榛 *Corylus heterophylla* Fisch. ex Trautv.（图 4-59）　榛属 *Corylus* 落叶灌木或小乔木;小枝密被柔毛;叶长圆形,顶端近截形,叶缘具 6~9 个三角形裂片,上面无毛,下面沿脉具柔毛;坚果球形,

1～4簇生,果苞叶状。

⑧ 毛榛 *Corylus mandshurica* Maxim. et Rupr. (图4－60) 榛属

落叶灌木;小枝被长柔毛;叶宽卵形,叶缘具不规则粗锯齿,上面被疏柔毛,下面被短毛;果1～6簇生,果苞管状,较果长2～3倍。

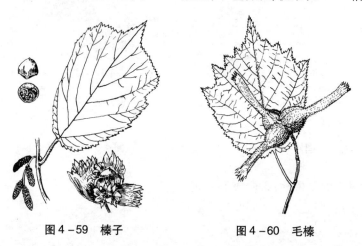

图4－59 榛子   图4－60 毛榛

⑨ 虎榛子 *Ostryopsis davidiana* Decne(图4－61) 虎榛子属 *Ostryopsis*

落叶灌木;单叶互生;叶卵形,叶缘具不规则重锯齿,上面疏生

图4－61 虎榛子

短毛,下面密生褐色小腺点,脉腋具簇生髯毛;果序成总状,果苞囊状,下部紧包坚果,上部延伸成封闭的管状。

(3) 石竹亚纲

(3-1) 藜科(Chenopodiaceae)

① 藜 *Chenopodium album* L.(图4-62) 藜属 *Chenopodium*

一年生直立草本;叶互生,叶片菱状卵形至披针形,具粉粒;圆锥状花序;花两性,花被5,雄蕊5,柱头2;胞果完全包于花被内;种子双凸镜形。该地区常见的还有灰绿藜(*C. glaucum* L.),区别在于茎平卧或斜向上,叶上面深绿色,背面带紫色,背较厚白粉。

② 猪毛菜 *Salsola collina* Pall.(图4-63) 猪毛菜属 *Salsola*

一年生草本;茎枝具条纹;叶片丝状圆柱形,先端有硬针刺;花序穗状,苞片卵形;花被片5,膜质;柱头丝形;胞果倒卵形,果皮膜质。

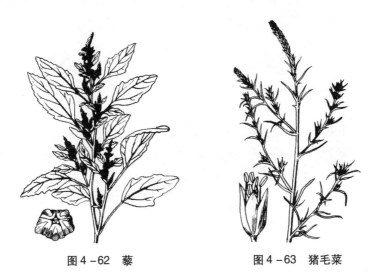

图4-62 藜   图4-63 猪毛菜

(3-2) 苋科(Amaranthaceae)

① 牛膝 *Achyranthes bidentata* Blume(图4-64) 牛膝属 *Achyranthes*

多年生草本;茎四棱,节膨大;单叶对生,叶椭圆形或椭圆状披针形,全缘;穗状花序,花在后期反折;小苞片刺状,先端弯曲;花被5;雄蕊5;胞果长圆形。

② 反枝苋 *Amaranthus retroflexus* L.（图4-65） 苋属 *Amaranthus*

一年生直立草本,密被毛;叶互生,叶片菱状卵形或椭圆状卵形,先端锐尖或尖凹;圆锥花序;苞片和小苞片钻形;花被5,雄蕊5;胞果扁卵形,环状横裂。

图4-64 牛膝

图4-65 反枝苋

（3-3）马齿苋科（Portulacaceae）

马齿苋 *Portulaca oleracea* L.（图4-66） 马齿苋属 *Portulaca*

一年生肉质草本,茎平卧;叶片倒卵形;花黄色,萼片2,花瓣5,雄蕊8~12,基部合生,子房半下位;蒴果卵球形,盖裂。

（3-4）石竹科（Caryophyllaceae）

① 灯心草蚤缀 *Arenaria juncea* Bieb.（图4-67） 蚤缀属 *Arenaria*

多年生草本;茎丛生,基部具黄褐色叶残余物;茎生叶对生,狭条形;二歧聚伞花序顶生;萼片5;花瓣5,全缘,白色;雄蕊10;花柱3;蒴果瓣裂。

② 卷耳 *Cerastium arvense* L.（图4-68） 卷耳属 *Cerastium*

多年生草本;单叶对生,叶线状披针形或长圆状披针形;二歧聚伞花序;花瓣倒卵形,白色,长于萼片2倍,顶端2浅裂;雄蕊10;花柱5;蒴果长筒形,10齿裂。

图4-66 马齿苋

图4-67 灯芯草蚤缀

③ 石竹 *Dianthus chinensis* L.（图4-69） 石竹属 *Dianthus*

多年生草本;茎直立,节膨大;叶对生,条形或线状披针形;花单生或2~3朵成聚伞花序;萼下苞片2~3对;萼齿5;花瓣5,顶端具齿,基部有爪;雄蕊10;花柱2;蒴果。

图4-68 卷耳

图4-69 石竹

④ 瞿麦 *Dianthus superbus* L.（图4-70） 石竹属

多年生草本;茎丛生,节膨大;叶对生,线状披针形;花单生或数朵集成疏聚伞花序,小苞片 2 ~ 3 对;萼齿 5;花瓣先端深细裂成丝状;雄蕊 10;花柱 2;蒴果。

⑤ 大花剪秋罗 *Lychnis fulgens* Fisch.(图 4 – 71) 剪秋罗属 *Lychnis*

多年生草本;单叶对生,叶长卵状披针形或卵状长圆形,叶基圆形;聚伞花序;萼片合生,密被柔毛;花瓣 5,深红色,2 叉状深裂,基部有爪;雄蕊 10;花柱 5;蒴果。

图 4 –70 瞿麦   图 4 – 71 大花剪秋萝

⑥ 牛繁缕(鹅肠菜)*Malachium aquaticum*(L.)Fries.(图 4 – 72)鹅肠菜属 *Malachium*

多年生草本;茎常伏生,二叉状分枝,上部具短腺毛;叶对生,卵形或长圆状卵形;二歧聚伞花序;萼片 5;花瓣 5,白色,2 深裂几达基部;花柱 5;蒴果。

⑦ 蔓假繁缕 *Pseudostellaria davidii*(Franch.)Pax(图 4 – 73)假繁缕属 *Pseudostellaria*

多年生草本;具肉质根;茎上升或伏卧,叉状分枝,花后茎先端延伸成匍匐枝;单叶对生,叶卵形;茎基部生闭锁花;萼片 5;花瓣 5,白色,全缘;雄蕊 10;花柱常 3;蒴果。

图 4-72 鹅肠菜

图 4-73 蔓假繁缕

⑧ 女娄菜 *Silene aprica* Turcx. ex Fisch. et Mey. (图 4-74) 蝇子草属 *Silene*

一年或二年生草本,全株密被灰色短柔毛;茎直立;叶片披针形或线状披针形;聚伞花序;萼筒卵状,具 10 脉,有毛;花瓣白色或淡红色;花柱 3;蒴果卵形。

⑨ 石生蝇子草 *Silene tatarinowii* Regel. (图 4-75) 蝇子草属

多年生草本;茎匍匐或斜向上;叶卵状长圆形至长圆状披针形,

图 4-74 女娄菜

图 4-75 石生蝇子菜

具 3 脉;二歧聚伞花序;萼筒疏生柔毛,具 10 脉;花瓣 5,粉红色或白色,喉部有 2 小鳞片状附属物;花柱 3;蒴果长卵形。旱麦瓶草（*S. jenisseensis* Willd.）（图 4-76）与前者区别在于茎直立,叶狭倒披针形至倒披针状线形。

⑩ 繁缕 *Stellaria media*（L.）Cyr.（图 4-77）　繁缕属 *Stellaria*

一年或二年生草本;茎柔弱;叶卵圆形或卵形,下部叶具柄;花单生或二歧聚伞花序;萼片 5;花瓣 5,白色,2 深裂直达基部;雄蕊 10;花柱 3;蒴果卵形。

图 4-76　旱麦瓶草　　　　图 4-77　繁缕

（3-5）蓼科（Polygonaceae）

① 苦荞麦 *Fagopyrum tataricum*（L.）Gaertn.（图 4-78）　荞麦属 *Fagopyrum*

一年生草本植物;茎直立,节膨大;下部叶具长柄,叶片宽三角状戟形,全缘或微波状,托叶鞘斜形;总状花序;花白色或淡粉红色;花被 5;瘦果三棱形,具小瘤状突起。

② 齿翅蓼 Fallopia *dentato-alatum*（Fr. Schmidt）Holub（*Polygonum dentato-alatum* Fr. Schmidt）（图 4-79）　首乌属 *Fallopia*

一年生草本;茎缠绕;托叶鞘三角形;叶柄卵形或心形;总状花序;花被果期增大成宽翅状,翅缘具齿;雄蕊 8;花柱 3;瘦果三棱形。

图 4 - 78　苦荞麦

图 4 - 79　齿翅蓼

③ 萹蓄 *Polygonum aviculare* L.（图 4 - 80）　蓼属 *Polygonum*

一年生草本；茎匍匐或斜上；叶柄具关节，叶片披针形至椭圆形，全缘；托叶鞘 2 裂，具明显脉纹；花 1 ~ 5 朵簇生叶腋；雄蕊 8 枚；柱头 3；瘦果三棱状卵形。

④ 叉分蓼 *Polygonum divaricatum* L.（图 4 - 81）　蓼属

多年生草本；茎叉状分枝；叶披针形或长圆状披针形；托叶鞘斜

图 4 - 80　萹蓄

图 4 - 81　叉分蓼

形,常破裂;圆锥花序;花被白或淡黄色,5 深裂;雄蕊8;花柱3;瘦果三棱形。

⑤ 酸模叶蓼 *Polygonum lapathifolium* L.（图 4 -82）　蓼属

一年生草本;茎直立,多分枝;叶片宽披针形,常有黑褐色新月形斑点;托叶鞘光滑平截;圆锥花序;花被粉红色或白色,4 深裂;雄蕊6;花柱 2 裂;瘦果扁平,卵形。

⑥ 尼泊尔蓼 *Polygonum nepalense* Meisn.（图 4 -83）　蓼属

一年生草本;茎直立或平卧;上部叶近无柄,抱茎;叶片卵形或三角状卵形,沿叶柄下延呈翅状;托叶鞘筒状;花序头状;花白色或淡红色;花被 4 深裂;花柱 2;瘦果圆形。

图 4 -82　酸膜叶蓼　　　　　图 4 -83　尼泊尔蓼

⑦ 杠板归 *Polygonum perfoliatum* L.（图 4 -84）　蓼属

多年生草本;茎、叶柄及叶脉下部具倒生钩刺;叶盾状着生,叶片近三角形;托叶鞘斜形;花序短穗状;花被 5 深裂,淡红色或白色;雄蕊 8;花柱 3;瘦果球形。

⑧ 刺蓼 *Polygonum senticosum*（Meisn.）Franch. et Sav.（图 4 -85）蓼属

多年生草本;茎蔓生或上升,四棱,沿棱具倒生刺;托叶鞘短筒状;叶柄、叶脉及叶缘有钩刺;叶片三角形或三角状戟形;花序头状;花被粉红色;雄蕊 8;花柱 3;瘦果近球形。小箭叶蓼(*Polygonum sieboldii* Meisn.)与刺蓼的茎和叶柄均具钩刺,区别在于叶长圆形,叶基成箭形。

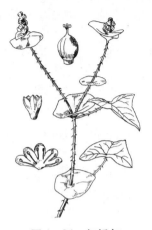

图 4 - 84 杠板归

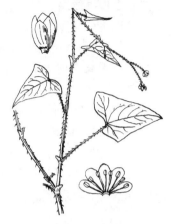

图 4 - 85 刺蓼

⑨ 华北大黄 *Rheum franzenbachii* Munt.(图 4 - 86)　大黄属 *Rheum*
直立草本;根肥大;茎粗壮;基生叶心状卵形到宽卵形,托叶鞘开
裂;大型圆锥花序;花黄白色,花被 6,雄蕊 7 ~ 9,花柱 3;瘦果具翅。

⑩ 巴天酸模 *Rumex patientia* L.(图 4 - 87)　酸模属 *Rumex*
多年生草本;茎粗壮;叶长圆状披针形,托叶鞘老时破裂;大型

图 4 - 86　华北大黄

图 4 - 87　巴天酸模

圆锥花序;花被6,内轮3片果时增大,常有1片具瘤状突起;雄蕊6;柱头3;瘦果卵形

(4) 五桠果亚纲

(4-1) 芍药科(Paeoniaceae)

草芍药 *Paeonia obovata* Maxim.(图4-88) 芍药属 *Paeonia*

多年生草本,2回3出复叶;花单生,直径7~10 cm,萼片3~5,花瓣6常为红色,雄蕊多数,花盘浅杯状,心皮2~3;蓇葖果。

(4-2) 猕猴桃科(Actinidiaceae)

软枣猕猴桃 *Actinidia arguta*(Sieb. et Zucc.)Planch. ex Miq. (图4-89) 猕猴桃属 *Actinidia*

木质大藤本,枝具片状髓;单叶互生,叶卵圆形;腋生聚伞花序,花白色,花瓣5,花药紫色;浆果长圆形,先端钝圆。

图4-88 草芍药　　　图4-89 软枣猕猴桃

(4-3) 藤黄科(Clusiaceae)

黄海棠(红旱莲)*Hypericum ascyron* L.(图4-90) 金丝桃属 *Hypericum*

多年生草本,茎稍四棱;单叶对生,基部抱茎;顶生聚伞花序,花直径3~5 cm,花瓣5,黄色,呈'万'字形旋转,雄蕊5束,花柱5;蒴果卵圆形。

（4-4）椴树科（Tiliaceae）

① 孩儿拳头（扁担杆）*Grewia biloba* G. Don（图4-91）　扁担杆属 *Grewia*

落叶灌木；单叶互生，叶长圆状卵形，重锯齿，基出3脉；花5～8朵组成伞形花序与叶对生；花淡黄色，5数，雄蕊多数，离生；核果红色2裂，每裂有2小核，状似拳头。

图4-90　红旱莲

图4-91　孩儿拳头

② 糠椴 *Tilia mandshurica* Rupr. et Maxim.　椴树属 *Tilia*

落叶乔木，树皮灰白；叶卵圆形，长8～15 cm，基部常心形，背面密生白色星状绒毛；聚伞花序，下垂，具舌状总苞片；果实坚果状，球形。

③ 蒙椴 *Tilia mongolica* Maxim.（图4-92）　椴树属

落叶乔木，树皮红褐色；叶卵圆形，长4～7 cm，边缘具不整齐的粗锯齿，先端突尖；聚伞花序具舌状苞片，花瓣黄色，5数，雄蕊多数，5束，具花瓣状退化雄蕊；果实球形，坚果状。

（4-5）锦葵科（Malvaceae）

① 野西瓜苗 *Hibiscus trionum* L.（图4-93）　木槿属 *Hibiscus*

一年生草本，茎常横卧；叶互生，下部叶5浅裂，上部叶3深裂；花单生叶腋，副萼线形，花萼膜质5浅裂，果期膨大，花瓣5，淡黄色、基部紫色，单体雄蕊；蒴果。

图 4 – 92　蒙椴

图 4 – 93　野西瓜苗

② 冬葵(野葵)*Malva verticillata* L. (图 4 – 94)　锦葵属 *Malva*
两年生草本,茎直立;叶具长柄,互生,5～7 掌状浅裂;花簇生
于叶腋,花浅红至淡白色,副萼 3;果实由圆肾形的分果瓣组成。

(4 – 6) 堇菜科(Violaceae)

① 鸡腿堇菜 *Viola acuminate* Ledeb. (图 4 – 95)　堇菜属 *Viola*
多年生草本,具地上茎;叶片心状卵形,叶缘具钝齿;托叶大,羽
状深裂;花白色,花瓣 5,下面一瓣较大具距;蒴果 3 瓣裂。

图 4 – 94　冬葵

图 4 – 95　鸡腿堇菜

② 双花黄堇菜 *Viola biflora* L. 堇菜属

多年生草本,地上茎细;叶片通常为肾形;托叶全缘;花瓣5,黄色,1~2朵,生于地上茎的叶腋内;蒴果3瓣裂。

③ 裂叶堇菜 *Viola dissecta* Ledeb.(图4-96) 堇菜属

多年生草本,茎短缩,叶基生,掌状3~5全裂,或近羽状深裂;花瓣5,淡紫色,距长5~7 mm;蒴果3瓣裂。

(4-7) 葫芦科(Cucurbitaceae)

① 裂瓜 *Schizopepon bryoniaefolius* Maxim.(图4-97) 裂瓜属 *Schizopepon*

一年生攀援草本,茎具纵棱;叶片三角状卵形,通常有3~7角或浅裂,先端锐尖,基部心形;花白色,两性;果平滑,成熟时由顶向基部3瓣裂。

图4-96 裂叶堇菜

图4-97 裂瓜

② 赤瓟 *Thladiantha dubia* Bunge(图4-98) 赤瓟属 *Thladiantha*

多年生攀援草本;叶广卵形,基部心形,边缘具不整齐齿牙;花黄色,单性异株,花冠钟状,5深裂,上部反折;瓟果具10条纵纹,熟时鲜红色。

（4-8）秋海棠科（Begoniaceae）

中华秋海棠 *Begonia grandis* Dryander ssp. *sinensis* （A. DC.） Irmsch.（图4-99）　秋海棠属 *Begonia*

多年生草本，植株光滑；叶片斜卵形，基部偏斜；聚伞花序生枝顶叶腋，花粉红色，雌雄同株，雄花花被片4，雌花花被片5，子房下位；蒴果，具三翅。

图4-98　赤瓟

图4-99　中华秋海棠

（4-9）杨柳科（Salicaceae）

① 青杨 *Populus cathayana* Rehd.（图4-100）　杨属 *Populus*

落叶乔木；树皮灰绿色；冬芽具黏质；短枝叶卵形，边缘具钝锯齿，叶背灰白色，长枝叶心形，叶柄圆柱形；柔荑花序，雌雄异株；蒴果2~4裂。

② 山杨 *Populus davidiana* Dode（图4-101）　杨属

落叶乔木；树皮光滑；叶常圆形，边缘具整齐的粗齿，叶柄顶端有时有1对腺体；柔荑花序，雌雄异株；蒴果2瓣裂。

③ 黄花柳 *Salix caprea* L.（图4-102）　柳属 *Salix*

落叶灌木或小乔木；叶卵状长圆形，光滑，边缘具不规则锯齿或近全缘；柔荑花序密生柔毛，雌雄异株，雄蕊2枚；蒴果。

④ 沙柳 *Salix cheilophila* Schneid.（图4-103）　柳属

落叶灌木或小乔木；叶狭披针形，上面绿色，下面灰白色，密被

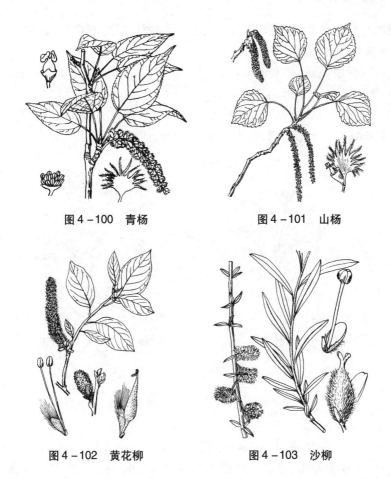

图 4－100　青杨　　　　　　　　图 4－101　山杨

图 4－102　黄花柳　　　　　　　图 4－103　沙柳

柔毛,叶缘外卷,上端具腺锯齿,下端全缘;柔荑花序,雌雄异株,雄花具 1 个蜜腺;蒴果。

⑤ 蒿柳 *Salix schwerinii* E. L. Wolf　柳属

落叶乔木或灌木;叶条状披针形,上面暗绿色,下面密被丝状绢毛,边缘外卷,全缘或具不明显的波状钝齿;柔荑花序,雌雄异株,雄蕊 2 枚;蒴果。

（4－10）十字花科(Brassicaceae)

① 垂果南芥 *Arabis pendula* L. (图 4－104)　南芥属 *Arabis*

多年生草本;叶狭椭圆形,基生叶有柄,茎生叶无柄半抱茎,边缘具牙齿、锯齿或全缘,被星状毛;顶生总状花序,花白色,花瓣4,雄蕊四强;长角果,下垂。

②白花碎米荠 *Cardamine leucantha*(Tausch.)O. E. Schulz.(图4–105) 碎米荠属 *Cardamine*

多年生草本;奇数羽状复叶,小叶2～3对;总状花序,花白色,花瓣4,成十字形排列,雄蕊四强;长角果,线形。

图4–104 垂果南芥　　　　图4–105 白花碎米荠

③葶苈 *Draba nemorosa* L.(图4–106) 葶苈属 *Draba*

一年生草本,具单毛及星状毛;茎直立,单一或分枝;基生叶莲座状,倒卵状长圆形,钝头;总状花序,花黄色,花瓣4,雄蕊四强;短角果椭圆形,开裂。

④糖芥 *Erysimum amurense* Kitag.(图4–107) 糖芥属 *Erysimum*

多年生草本,密生伏贴二叉状毛;茎下部叶披针形,全缘,上部叶有波状齿;花橙黄色,花瓣4,雄蕊四强;长角果,略呈四棱形。

⑤香花芥 *Clausia trichosepala*(Turcz.)Dvorák(图4–108)香花芥属 *Clausia*

两年生草本,茎直立,疏生硬单毛;茎生叶长圆状椭圆形,边缘有尖锯齿;花紫色,花瓣4,雄蕊四强;长角果,线形。

图 4 - 106　葶苈

图 4 - 107　糖芥

⑥ 沼生蔊菜 *Rorippa islandica*（Oed.）Borb.（图 4 - 109）　蔊菜属 *Rorippa*

二年生或多年生草本;茎斜上,有分枝;叶羽状分裂;总状花序顶生或腋生,花黄色,花瓣 4,雄蕊四强;短角果长约 1 cm。

图 4 - 108　香花芥

图 4 - 109　沼生蔊菜

(4−11) 杜鹃花科(Ericaceae)

① 照山白 *Rhododendron micranthum* Turcz. (图 4−110)　杜鹃花属 *Rhododendron*

半常绿灌木,幼枝有黑色垢鳞;叶集生枝顶,革质,椭圆状长圆形,背面密生垢鳞;总状花序顶生,多花密集,花白色,花冠钟状,5 裂,雄蕊 10;蒴果柱状。

② 蓝荆子(迎红杜鹃)*Rhododendron mucronulatum* Turcz.　杜鹃花属 *Rhododendron*

落叶灌木,小枝疏生垢鳞;叶散生,质薄,椭圆形,背面有鳞片;花单生,淡紫色,先叶开放,花冠漏斗状,5 中裂,雄蕊 10,花柱细长,柱头头状;蒴果圆柱形。

(4−12) 鹿蹄草科(Pyrolaceae)

鹿蹄草 *Pyrola calliantha* H. Andr. (图 4−111)　鹿蹄草属 *Pyrola*

多年生常绿草本;叶基生,革质,卵形至卵圆形;总状花序生于花葶上部,花葶有 1~2 个鳞片叶,花白色,花冠 5 裂,雄蕊 10;蒴果扁球形。

图 4−110　照山白

图 4−111　鹿蹄草

（4－13）报春花科（Primulaceae）

① 点地梅 *Androsace umbellata*（Lour.）Merr.（图 4－112） 点地梅属 *Androsace*

一年生或二年生草本。基生叶丛生,花葶通常数条由基部叶腋抽出,伞形花序通常有 4～10 朵花,花冠白色、淡粉白色或淡紫白色,花冠裂片与花冠筒近等长或稍长。

② 假报春（京报春）*Cortusa matthioli* L.（图 4－113） 假报春属 *Cortusa*

多年生草本;叶全为基生,叶片圆心形,掌状 7～9 裂,裂片有粗齿及缺刻;花在花葶上排列成伞形花序,花冠紫红色,漏斗状钟形,5 裂,雄蕊 5 着生于花冠管基部;蒴果。

图 4－112　点地梅　　　　　图 4－113　假报春

③ 狼尾花 *Lysimachia barystachys* Bunge（图 4－114） 珍珠菜属 *Lysimachia*

多年生草本;叶互生,长圆状披针形,全缘;总状花序顶生,常弯曲呈狼尾状,花冠白色,常 5 深裂,雄蕊 5,与花冠裂片对生;蒴果。

④ 胭脂花 *Primula maximowiczii* Regel（图 4－115） 报春花属 *Primula*

多年生草本;叶基生,无柄,长圆状倒披针形;花葶粗壮,有 1～

图 4 – 114　狼尾花

图 4 – 115　胭脂花

3 轮伞形花序,花萼钟状,花冠暗红色,5 裂,常反折,雄蕊5,内藏,着生花冠管上;蒴果。

(5) 蔷薇亚纲

（5 – 1）八仙花科（Hydrageaceae）

① 小花溲疏 *Deutzia parviflora* Bunge（图 4 – 116）　溲疏属 *Deutzia*

灌木;小枝疏生星状毛;叶对生,叶片卵形或狭卵形,边缘具小锯齿,两面疏有星状毛;伞房状花序多花;花瓣 5,白色;雄蕊 10 枚,子房下位;花柱 3;蒴果。钩齿溲疏（*Deutzia baroniana* Diels）与前者区别在于聚伞花序近具 1 ~ 3 花,叶背绿色。

② 东陵八仙花 *Hydrangea bretschneideri* Dipp.（图 4 – 117）　绣球属 *Hydrangea*

灌木;树皮片状剥落,老枝红褐色;单叶对生,卵形或椭圆状卵形,背面密生灰色柔毛;伞房花序,边缘着不育花;花瓣 5;雄蕊 10;子房半下位;花柱 3;蒴果近卵形。

③ 太平花 *Philadelphus pekinensis* Rupr.（图 4 – 118）　山梅花属 *Philadelphus*

灌木;树皮薄片状剥落;小枝光滑无毛;单叶对生,叶卵状椭圆形,三主脉,两面无毛;总状花序;萼筒无毛;花白色,花瓣 4;雄蕊多数;蒴果。

图4-116　小花溲疏

图4-117　东陵八仙花

（4-2）茶藨子科（Grossulariaceae）

东北茶藨子 *Ribes mandshuricum*（Maxim.）Kom.（图4-119）

茶藨子属 *Ribes*

灌木;树皮纵向或长条状剥落,嫩枝褐色;叶互生,掌状3裂;总状花序,后期下垂;花瓣5;雄蕊5;子房下位;浆果球形,熟时红色。

图4-118　太平花

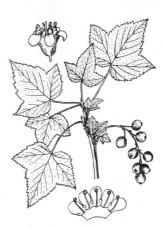

图4-119　东北茶藨子

（4－3）景天科（Crassulaceae）

① 瓦松 *Orostachys fimbriatus*（Turcz.）Berger.（图4－120） 瓦松属 *Orostachys*

二年生或多年生肉质草本；叶莲座状，叶片匙状线形，先端具白色软骨质，有齿；花序总状；苞片卵形；花瓣5，粉红色；雄蕊10；心皮5；蓇葖果卵形。钝叶瓦松［*Orostachys malacophyllus*（Pall.）Fisch.］与前者的区别在于叶矩圆形至卵形，先端钝，花白色或淡绿色。

② 小丛红景天 *Rhodiola dumulosa*（Franch.）S. H. Fu（图4－121）红景天属 *Rhodiola*

多年生草本，亚灌木状；叶互生，密集线形，全缘无柄；聚伞状花序；萼片5；花瓣5，淡红或白色；雄蕊10，较花瓣短；蓇葖果。

图4－120 瓦松

图4－121 小丛红景天

③ 景天三七 *Sedum aizoon* L.（图4－122） 景天属 *Sedum*

多年生肉质草本；地上茎直立，不分枝；叶互生或近乎对生，广卵形至倒披针形，几无柄；伞房状聚伞花序；花瓣5，黄色；雄蕊10；蓇葖果。

（4-4）虎耳草科（Saxifragaceae）

① 落新妇（红升麻）*Astilbe chinensis*（Maxim.）Franch. et Sav.（图4-123）　落新妇属 *Astilbe*

多年生直立草本；根茎粗大块状；叶二至三回三出复叶；圆锥状花序；萼筒浅杯状，5深裂；花瓣5，淡紫色或紫红色；雄蕊10；子房上位。蓇葖果2。

图4-122　景天三七　　　　　图4-123　红升麻

② 梅花草 *Parnassia palustris* L.（图4-124）　梅花草属 *Parnassia*

多年生草本；基生叶丛生，卵圆形或心形，基部心形，全缘，叶柄长；茎生叶1，无柄；花单生于茎顶，花瓣5，白色；雄蕊5，假雄蕊上半部丝状裂；子房上位；蒴果。

（4-5）蔷薇科（Rosaceae）

① 龙牙草 *Agrimonia pilosa* Ledeb.（图4-125）　龙牙草属 *Agrimonia*

多年生草本；奇数羽状复叶，互生，小叶大小不等，间隔排列，托叶卵形；总状花序；萼筒顶端生一圈钩状刺毛；花瓣5，黄色；瘦果倒圆锥形。

图4-124 梅花草

图4-125 龙牙草

② 山桃 *Amygdalus davidiana*（Carr.）C. de Vos ex Henry（*Prunus davidiana* Franch.）（图4-126） 桃属 *Amygdalus*

乔木，树皮暗紫色或灰褐色，平滑有光泽；腋芽2~3个并生，具顶芽；叶片披针形或狭卵状披针形；萼筒无毛；花淡粉红色或白色；核果球形，具果沟，果核圆球形。

③ 榆叶梅 *Amygdalus triloba*（Lindl.）Ricker（*Prunus triloba* Lindl.）（图4-127） 桃属

灌木；短枝上的叶常簇生，一年生枝上的叶互生；叶片宽椭圆形至倒卵形，常3裂，叶边具粗锯齿或重锯齿。花先叶开放，花瓣粉红色。果实近球形，直径1~1.8 cm。

④ 山杏（西伯利亚杏）*Armeniaca sibirica*（L.）Lam.（*Prunus sibirica* L.）（图4-128） 梅属 *Armeniaca*

小乔木；腋芽单一，无顶芽；嫩枝淡褐色；单叶互生，叶卵形至近圆形，基部圆形或近心形；花单生，近无梗；花白色或微红；核果卵形，果皮薄而干燥，成熟时开裂。

⑤ 蛇莓 *Duchesnea indica*（Andr.）Focke（图4-129） 蛇莓属 *Duchesnea*

多年生草本；具匍匐茎；三出复叶互生；花单生于叶腋；副萼片

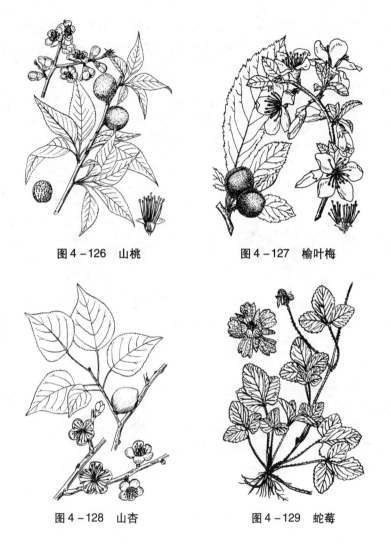

图4-126 山桃

图4-127 榆叶梅

图4-128 山杏

图4-129 蛇莓

5,常3裂;萼片5,较副萼片小;花瓣5,黄色;雄蕊多数;成熟时花托肉质膨大。聚合瘦果。

⑥ 水杨梅 Geum aleppicum Jacq.(图4-130) 水杨梅属 Geum

多年生草本;基生叶羽状3裂,顶裂片大;茎生叶卵形至广卵形,3裂;托叶叶状;萼5片,与副萼间生;花瓣5,黄色;雄蕊、雌蕊多数。聚合瘦果,具先端钩曲的宿存花柱。

⑦ 山荆子 *Malus baccata* (L.)Borkh.（图 4 – 131） 苹果属 *Malus*

乔木；叶片椭圆形或卵形，边缘有锯齿；叶柄、花梗和萼筒外无毛；伞形花序；花瓣白色；雄蕊 15～20；子房下位；花柱 5，基部合生；梨果近球形。

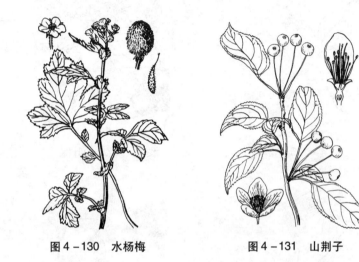

图 4 –130　水杨梅　　　　　　　图 4 –131　山荆子

⑧ 稠李 *Padus racemosa* (Lam.)Gilib. (*Prunus padus* L.)（图 4 – 132） 稠李属 *Padus*

乔木；小枝紫褐色；叶卵状长椭圆形到倒卵形，先端突渐尖，叶基圆形或近心形，叶缘有细锐锯齿；总状花序；花白色；核果近球形，无果沟。

⑨ 委陵菜 *Potentilla chinensis* Ser.（图 4 –133） 委陵菜属 *Potentilla*

多年生草本；茎密生白色柔毛；羽状复叶互生，小叶上面被短柔毛，下面密生白色绒毛；聚伞花序；副萼 5，花瓣 5，黄色；雄蕊、雌蕊多数；聚合瘦果。

⑩ 金露梅 *Potentilla fruticosa* L.（图 4 –134） 委陵菜属

落叶灌木；奇数羽状复叶；单花或数朵呈伞房状；花梗密被长柔毛或绢毛；副萼 5，花瓣 5，黄色，雄蕊多数；聚合瘦果。

⑪ 等齿委陵菜 *Potentilla simulatrix* Wolf(图 4 –135) 委陵菜属

多年生匍匐草本；三出掌状复叶，小叶无柄，菱形，叶片光滑；单

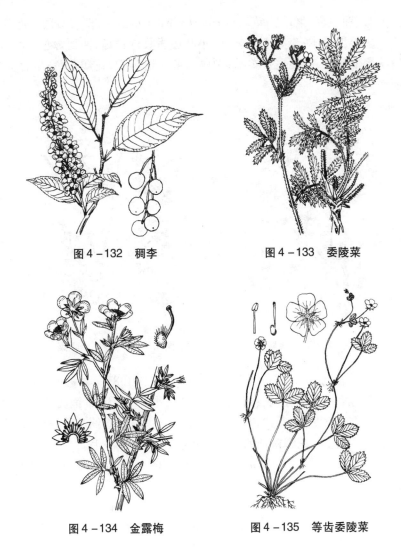

图4-132 稠李

图4-133 委陵菜

图4-134 金露梅

图4-135 等齿委陵菜

花腋生;萼片与副萼等长;花瓣5,黄色;聚合瘦果。

⑫ 朝天委陵菜 *Potentilla supina* L.(图4-136） 委陵菜属

一或二年生草本;茎平铺或斜升;奇数羽状复叶,小叶边缘有缺刻状锯齿,无毛或下面微生柔毛;花单生叶腋;副萼与萼片近等长,花瓣黄色;聚合瘦果。

⑬ 菊叶委陵菜 *Potentilla tanacetiflolia* Willd.（图4-137） 委陵菜属

多年生草本；奇数羽状复叶，小叶边缘具钝锯齿，两面绿色；伞房状聚伞花序，花梗被短柔毛；副萼与萼片近等长，花瓣黄色；聚合瘦果卵球形。

图4-136　朝天委陵菜　　　　图4-137　菊叶委陵菜

⑭ 美蔷薇 *Rosa bella* Rehd. et Wils.（图4-138） 蔷薇属 *Rosa*

直立灌木；枝具皮刺；奇数羽状复叶，小叶7~9，下面无毛；叶柄基部具1对皮刺。花单生或2~3朵簇生；花梗、萼筒与萼片密被腺毛；萼片全缘；花瓣粉红色。蔷薇果椭圆形，密被腺毛。

⑮ 山楂叶悬钩子 *Rubus crataegifolius* Bunge（图4-139） 悬钩子属 *Rubus*

直立灌木；小枝、叶柄和叶脉下部具钩状小皮刺；叶互生，3~5掌状浅裂至中裂；伞房状花序；花白色；雄蕊多数，聚合小核果近球形，熟时红色。

⑯ 华北覆盆子 *Rubus idaeus* L. var. *borealisinensis* Yü et Lu 悬钩子属 *Rubus*

直立灌木；小枝具短柔毛，近无刺；奇数羽状复叶，小叶3~5，下面具白色绒毛；叶柄及叶脉背面有钩刺；总状花序；花白色；聚合小核果具白色短绒毛。

图 4 – 138　美蔷薇　　　　图 4 – 139　山楂叶悬钩子

⑰ 地榆 *Sanguisorba officinalis* L.（图 4 – 140）　地榆属 *Sanguisorba*

多年生草本；奇数羽状复叶，小叶片边缘有锯齿，揉之有黄瓜味；穗状花序圆柱形；萼片 4，紫红色；无花瓣；雄蕊 4，比萼片短；柱头 4 裂；瘦果包藏在宿存萼筒内。

⑱ 北京花楸 *Sorbus discolor*（Maxim.）Maxim.（图 4 – 141）　花楸属 *Sorbus*

乔木；冬芽外面无毛或仅先端微具柔毛；奇数羽状复叶，叶片无毛；复伞房花序，总花梗和花梗均无毛；花白色，花柱 3 ~ 4；子房下位；梨果卵形，白色或黄色。

⑲ 花楸 *Sorbus pohuashanensis*（Hance）Hedl.　花楸属

乔木；冬芽外面密被绒毛；奇数羽状复叶，叶下面具柔毛；复伞房花序，总花梗和花梗密被白色绒毛；花白色，花柱 3；子房下位；梨果红色。

⑳ 土庄绣线菊 *Spiraea pubescens* Turcz.（图 4 – 142）　绣线菊属 *Spiraea*

灌木；小枝褐黄色，幼时有短柔毛；单叶互生，叶片菱状卵形至椭圆形，下面被短柔毛；伞形花序，具总柄，无毛；花瓣白色；雄蕊多数；聚合蓇葖果。

图 4-140 地榆

图 4-141 北京花楸

㉑ 三裂绣线菊 *Spiraea trilobata* L. 绣线菊属

灌木；小枝无毛，之字形弯曲；单叶互生，叶片顶端明显 3 裂，下面无毛；伞形花序，具总柄，无毛；花瓣白色；雄蕊多数；聚合蓇葖果。

(4-6) 蝶形花科(Fabaceae)

① 三籽两型豆 *Amphicarpaea trisperma* (Miq.) Baker ex Kitag. (图 4-143) 两型豆属 *Amphicarpaea*

一年生缠绕草本；三出羽状复叶，小叶菱状卵形或卵形，全缘；

图 4-142 土庄绣线菊

图 4-143 三籽两型豆

总状花序;花淡紫色或白色,具无瓣花,可地下结实。荚果扁平,具3粒种子。

② 达呼里黄耆 *Astragalus dahuricus*(Pall.)DC.(图4-144)黄耆属 *Astragalus*

一或二年生直立草本,被白色柔毛;奇数羽状复叶,小叶长圆形至长圆状椭圆形;密集的穗状花序;花紫红色;荚果线形镰刀状。

③ 直立黄耆 *Astragalus adsurgens* Pall. 黄耆属 *Astragalus*

多年生草本;茎斜升,疏被丁字毛;奇数羽状复叶,小叶卵状椭圆形至长椭圆形,叶面被丁字毛;总状花序;花蓝紫色;子房近无柄;荚果圆筒形。毛细柄黄耆(*Astragalus capillipes* Fisch. et Bunge)(图4-145)和草木犀黄耆(*Astragalus melilotoides* Pall.)(图4-146)在该地区也较常见,但花均为白色,荚果近圆形,区别在于前者在最顶部的小叶3枚,小叶楔状长圆形,长为宽的4~6倍;后者在最顶部的小叶5枚,小叶椭圆形,长为宽的2~3倍。

图4-144　达乌里黄耆

图4-145　毛细柄黄耆

④ 杭子梢 *Campylotropis macrocarpa*(Bunge)Rehd.(图4-147)杭子梢属 *Campylotropis*

灌木;三出复叶,小叶椭圆形至长圆形;总状花序;苞片早落,每苞腋生1朵花;花梗有关节;花紫色,先端尖。荚果斜椭圆形,仅含1粒种子。

图4-146 草木犀黄耆

图4-147 杭子稍

⑤ 鬼箭锦鸡儿 *Caragana jubata* (Pall.)Poir. 锦鸡儿属 *Caragana*

灌木;叶轴宿存为针刺状;偶数羽状复叶,小叶4~6,长椭圆形,先端有针尖,两面疏被长柔毛;花单生;花冠蝶形,浅红色或白色;无子房柄;荚果长椭圆形。

⑥ 红花锦鸡儿 *Caragana rosea* Turcz.(图4-148) 锦鸡儿属

灌木;长枝上的托叶成针刺状;叶轴脱落或宿存成刺;小叶4,假掌状排列;小枝、叶、萼和荚果无毛;花单生;花冠蝶形,黄色,常带紫红或淡红色;荚果圆筒形。

⑦ 阴山胡枝子(白指甲花) *Lespedeza inschanica* (Maxim.) Schindl. 胡枝子属 *Lespedeza*

小灌木;高达1m;三出羽状复叶;小叶长圆形;总状花序;花冠白色,旗瓣基部有紫斑,反卷;无瓣花密集生于叶腋;荚果卵形。

⑧ 胡枝子 *Lespedeza bicolor* Turcz.(图4-149) 胡枝子属

灌木;高1~2m;三出羽状复叶;小叶长1.5~7cm;总状花序较叶长;萼裂片卵形或卵状披针形;花冠蝶形,紫红色;荚果斜卵形。

图 4 - 148　红花锦鸡儿

图 4 - 149　胡枝子

⑨ 长萼鸡眼草 *Kummerowia stipulacea*（Maxim.）Makino（图 4 - 150）　鸡眼草属 *Kummerowia*

一年生草本；茎有向上的毛；三出羽状复叶；托叶膜质，比叶柄长或近相等；小叶倒卵形或椭圆形；花常 1 ~ 2 朵腋生；花冠紫红色；荚果具 1 粒种子。

⑩ 茳芒香豌豆 *Lathyrus davidii* Hance（图 4 - 151）　香豌豆属 *Lathyrus*

多年生高大草本；偶数羽状复叶，小叶 2 ~ 5 对，叶轴末端形成卷须；托叶半箭头状；总状花序腋生；花黄色；花柱扁平；荚果长 6 ~ 9 cm。

⑪ 花苜蓿 *Medicago ruthenica*（L.）Trautv.（图 4 - 152）　苜蓿属 *Medicago*

多年生草本；茎四棱形；三出羽状复叶，小叶边缘中部以上有锯齿；托叶披针形；总状花序；总花梗比叶长；花冠黄褐色，具红紫色条纹；荚果长 1 cm 左右。天蓝苜蓿（*Medicago lupulina* L.）（图 4 - 153）与前者的区别在于花小，黄色，荚果肾形。

⑫ 草木犀 *Melilotus officinalis*（L.）Desr.（图 4 - 154）　草木犀属 *Melilotus*

一或二年生草本；有香气；三出羽状复叶，小叶边缘具齿；总状

图4-150 长萼鸡眼草

图4-151 茳芒香豌豆

图4-152 花苜蓿(扁蓿豆)

图4-153 天蓝苜蓿

花序长而纤细;花黄色,旗瓣与龙骨瓣及翼瓣近等长。荚果近球形,含1~2粒种子。

⑬ 蓝花棘豆 *Oxytropis coerulea*(Pall.) DC. (图4-155) 棘豆属 *Oxytropis*

多年生草本;地上茎缩短或无地上茎;奇数羽状复叶;小叶17~41枚,对生;总状花序;蝶形花紫红色或蓝紫色,龙骨瓣先端具尖喙;荚果膨胀。硬毛棘豆(*Oxytropis hirta* Bunge)(图4-156)与前者区别在于全株具硬毛,花多而密集,荚果全包于萼筒内。

图4-154 草木犀

图4-155 蓝花棘豆

⑭ 葛 *Pueraria lobata*（Willd.）Ohwi　葛属 *Pueraria*

多年生草质藤本;三出羽状复叶,小叶倒卵形,偏斜,全缘;总状花序轴有节瘤状突起;花冠紫红色;似单体雄蕊,仅对旗瓣的1枚雄蕊基部离生;荚果密生硬毛。

⑮ 苦参 *Sophora flavescens* Ait.（图4-157）　槐属 *Sophora*

半灌木;奇数羽状复叶,小叶15~29,披针形至线状披针形,全缘;总状花序顶生;花冠蝶形,淡黄白色;雄蕊10,花丝分离;荚果呈不明显念珠状。

⑯ 山野豌豆 *Vicia amoena* Fisch.（图4-158）　野豌豆属 *Vicia*

多年生攀缘草本;偶数羽状复叶,小叶下面具白粉,侧脉常达叶缘,叶轴末端成卷须;托叶半箭头形,有齿;总状花序有10~30朵花;花冠蓝紫色;荚果长圆形。

⑰ 假香野豌豆 *Vicia pseudo-orobus* Fisch. et Mey.（图4-159）野豌豆属 *Vicia*

多年生攀缘性草本;偶数羽状复叶,小叶卵形或椭圆形,侧脉在

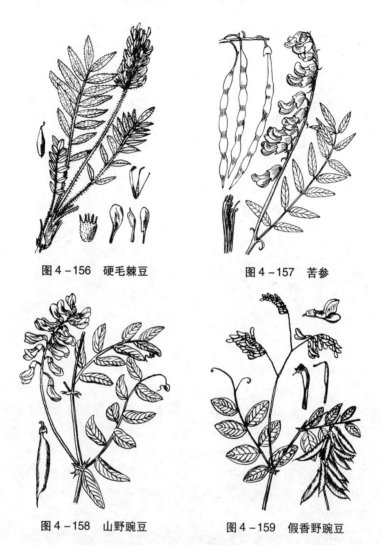

图 4－156　硬毛棘豆　　　　　图 4－157　苦参

图 4－158　山野豌豆　　　　　图 4－159　假香野豌豆

末端联合,叶轴末端有卷须;托叶半箭头型,有齿;总状花序;花冠紫色;荚果长圆形。

⑱ 歪头菜 Vicia unijuga A. Br. (图 4－160)　野豌豆属

多年生草本;偶数羽状复叶仅有小叶 1 对,叶轴末端的卷须特化为刺毛状;总状花序;花序梗比叶片长;花冠蓝色或蓝紫色;荚果线状长圆形。

（4 – 7）千屈菜科（Lythraceae）

千屈菜 *Lythrum salicaria* L.（图 4 – 161） 千屈菜属 *Lythrum*

多年生草本；全株具柔毛,茎四棱；叶对生或 3 片轮生,狭披针形；总状花序顶生；花萼筒状,裂片 6；花瓣 6,紫红色；雄蕊 6 长 6 短；蒴果椭圆形。

图 4 – 160　歪头菜　　　　　　　　　图 4 – 161　千屈菜

（4 – 8）瑞香科（Thymelaeaceae）

① 野瑞香（河蒴荛花）*Wikstroemia chamedaphne*（Bunge）Meissn.（图 4 – 162） 荛花属 *Wikstroemia*

小灌木；单叶对生或近对生,叶柄短；叶片披针形,光滑无毛,全缘；总状花序,常集合成圆锥花序；花萼筒状,黄色,4 裂,雄蕊 8,花盘鳞片 1；核果卵形。

② 狼毒瑞香 *Stellera chamaejasme* L.（图 4 – 163） 狼毒属 *Stellera*

多年生草本；根茎木质,粗壮；叶互生,披针形或长圆状披针形,全缘；头状花序具绿色叶状总苞片；花萼白色、黄色至带紫色,5 裂；雄蕊 10；果圆锥形。

图 4 -162　河蒴荛花

图 4 -163　狼毒

（4 - 9）柳叶菜科（Onagraceae）

① 露珠草 Circaea quadrisulcata（Maxim.）Franch et Savat.（图 4 - 164）　露珠草属 Circaea

多年生草本；茎叶近无毛。叶对生，卵状披针形或狭卵形，基部近圆形；总状花序；花萼紫红色；花瓣 2，白色；雄蕊 2；果实坚果状，外有钩状毛。

② 柳兰 Chamaenerion angustifolium（L.）Scop.（图 4 - 165）　柳兰属 Chamaenerion

多年生草本；茎不分枝；叶披针形，全缘或有细锯齿；总状花序；花近两侧对称；花瓣紫红色或淡红色；雄蕊 8；柱头 4 裂；蒴果圆柱形。

③ 柳叶菜 Epilobium hirsutum L.（图 4 - 166）　柳叶菜属 Epilobium

多年生半灌木状草本，全株有长柔毛，茎上混生腺毛；叶长圆形至椭圆状披针形，基部抱茎；花单生于上部叶腋；花瓣 4，粉红色；雄蕊 8；柱头 4 裂；蒴果圆柱形。

（4 - 10）山茱萸科（Cornaceae）

沙梾 Cornus bretchneideri L. Henry（图 4 - 167）　梾木属 Cornus

灌木；树皮紫红色，光滑；叶对生，全缘，侧脉弓形；伞房状聚伞

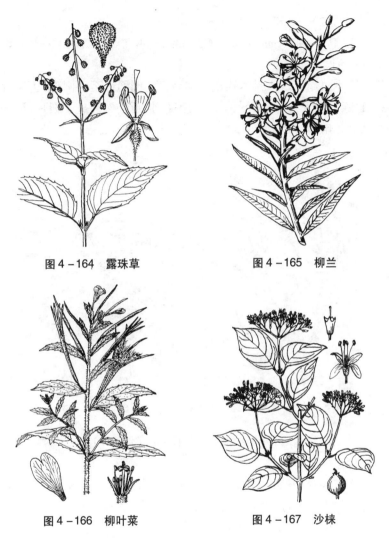

图 4 - 164　露珠草　　　　　　图 4 - 165　柳兰

图 4 - 166　柳叶菜　　　　　　图 4 - 167　沙棘

花序;花瓣 4,黄白色;雄蕊 4;子房下位;核果蓝黑色,近球形。

(4 - 11) 檀香科(Santalaceae)

百蕊草 *Thesium chinensis* Turcz. (图 4 - 168)　百蕊草属 *Thesium*

多年生草本;叶互生,狭披针形,全缘,无柄;花单生,5 数;花被绿白色;雄蕊 5,与花被裂片对生;子房下位,无柄。坚果近球形,表面具网状皱棱。

（4-12）卫矛科（Celastraceae）

① 卫矛 *Euonymus alatus*（Thunb.）Sieb.（图 4-169）　卫矛属 *Euonymus*

灌木；枝具 2~4 排木栓质翅；叶对生，倒卵形至椭圆形，边缘有细锯齿；聚伞花序；花黄绿色，4 数，雄蕊 4；蒴果深裂成 4 裂片；种子有橘红色的假种皮。

图 4-168　百蕊草　　　　　　　图 4-169　卫矛

② 南蛇藤 *Celastrus orbiculatus* Thunb.（图 4-170）　南蛇藤属 *Celastrus*

木质藤本；单叶互生；聚伞花序腋生或顶生，花常单性，雌雄异株；花黄绿色，5 数；子房近球状，柱头 3 深裂；蒴果近状。

（4-13）大戟科（Euphorbiaceae）

① 乳浆大戟（猫眼草）*Euphorbia esula* L.（图 4-171）　大戟属 *Euphorbia*

多年生直立草本，有白色汁液；单叶互生，短枝或营养枝上的叶密集，线状倒披针形；杯状聚伞花序顶生，杯状总苞 4 裂，腺体 4，新月形；蒴果光滑。

图 4-170　南蛇藤

图 4-171　猫眼草

②雀儿舌头 *Leptopus chinensis*（Bunge）Pojark.（图 4-172）雀儿舌头属 *Leptopus*

小灌木；单叶互生，全缘，基部圆形；雌雄同株，花单生或 2~4 朵叶腋；花瓣白色；子房 3 室，花柱短，2 裂；蒴果开裂。

③一叶萩 *Flueggea suffruticosa*（Pallas）Baillon　一叶萩属 *Flueggea*

灌木；单叶互生，全缘；叶片椭圆形，基部楔形；雌雄异株；花无花瓣，簇生叶腋，萼片 5，黄绿色；蒴果三棱状扁球形。

（4-14）鼠李科（Rhamnaceae）

①鼠李 *Rhamnus davurica* Pallas（图 4-173）　鼠李属 *Rhamnus*

灌木或小乔木；具顶芽；叶对生，有长柄，叶长 3~12 cm，边缘具圆细锯齿，侧脉 4~5 对；雌雄异株；花黄绿色，4 数；核果近球形。

②酸枣 *Ziziphus jujuba* Mill. var. *spinosa*（Bunge）Hu ex H. F. Chow（图 4-174）　枣属 *Ziziphus*

落叶灌木或小乔木；小枝之字形弯曲，紫褐色；具托叶刺；叶互生，具 3 出脉。花黄绿色；核果小，熟时红褐色，近球形或长圆形，核两端钝。

图 4 - 172　雀儿舌头

图 4 - 173　鼠李

（4 - 15）葡萄科（Vitaceae）

山葡萄 *Vitis amurensis* Rupr.（图 4 - 175）　葡萄属 *Vitis*

藤本；树皮暗褐色或红褐色，髓褐色；具卷须；单叶互生，3～5裂或不裂；圆锥花序；花黄绿色，花瓣顶部互相黏着；雌雄异株；浆果圆球形，黑紫色带蓝白色果霜。葎叶蛇葡萄（*Ampelopsis humulifolia* Bunge）（图 4 - 176）与山葡萄的区别在于枝髓白色，叶 3～5 中裂，聚伞花序。

图 4 - 174　酸枣

图 4 - 175　山葡萄

（4－16）亚麻科（Linaceae）

野亚麻 *Linum stellarioides* Planch.（图4－177） 亚麻属 *Linum*

一或二年生草本；叶互生，条形或条状披针形，全缘，无毛；聚伞花序；萼片5，边缘具黑色腺体；花瓣5，淡紫色或蓝色；雄蕊5；花柱5；蒴果球形或扁球形。

图4－176　葎叶蛇葡萄　　　　　图4－177　野亚麻

（4－17）远志科（Polygalaceae）

远志 *Polygala tenuifolia* Willd.（图4－178） 远志属 *Polygala*

多年生草本；叶互生，狭线形或线状披针形，全缘；总状花序；花淡蓝紫色，中央花瓣顶端有鸡冠状附属物；雄蕊8；蒴果扁平。

（4－18）无患子科（Sapindaceae）

栾树 *Koelreuteria paniculata* Laxm.（图4－179） 栾树属 *Koelreuteria*

乔木；树皮灰褐色；奇数羽状复叶，小叶卵形或长卵形，边缘具锯齿或裂片；大型圆锥花序；花金黄色，花瓣卷向上方；蒴果三角囊状。

（4－19）槭树科（Aceraceae）

平基槭（元宝槭）*Acer truncatum* Bunge（图4－180） 槭属 *Acer*

乔木；树皮纵裂；单叶互生，掌状5裂，裂片三角形，叶基部截形

图4-178 远志

图4-179 栾树

或近心形,掌状脉5;伞房花序;花瓣黄色;双翅果。

(4-20)漆树科(Anacardiaceae)

黄栌 *Cotinus coggygria* Scop. var. *cinerea* Engl.(图4-181) 黄栌属 *Cotinus*

灌木;叶卵圆形或近圆形,全缘;圆锥花序被柔毛;花杂性;花萼、花瓣无毛;果期有不育花的羽毛状细长花梗宿存,核果肾形。

图4-180 平基槭

图4-181 黄栌

（4－21）苦木科（Simaroubaceae）

臭椿 *Ailanthus altissima*（Mill.）Swingle（图4－182）　臭椿属 *Ailanthus*

乔木；奇数羽状复叶，互生，叶总柄基部膨大，小叶近基部具少数粗齿，齿端有1腺点；雌雄同株或异株；圆锥花序；花小，白绿色；翅果。

（4－22）芸香科（Rutaceae）

黄檗 *Phellodendron amurense* Rupr.（图4－183）　黄檗属 *Phellodendron*

乔木；内树皮鲜黄色；奇数羽状复叶，小叶边缘有细钝齿，齿缝有腺点；具叶柄下芽；圆锥状聚伞花序；花黄绿色；浆果状核果球形。

图4－182　臭椿

图4－183　黄檗

（4－23）蒺藜科（Zygophyliaceae）

蒺藜 *Tribulus terrestris* L.（图4－184）　蒺藜属 *Tribulus*

一年生草本。茎平卧，偶数羽状复叶，小叶3~8对，全缘。花黄色，花瓣5；雄蕊10，柱头5裂。果有分果瓣5，边缘有锐刺。

（4－24）酢浆草科（Oxalidaceae）

酢浆草 *Oxalis corniculata* L.（图4－185）　酢浆草属 *Oxalis*

多年生草本；茎匍匐或斜升；托叶与叶柄贴生；叶互生，3出掌状复叶，小叶倒心脏形；花1至数朵成腋生的伞形花序；花黄色；蒴果近圆柱形。

图 4 - 184　蒺藜　　　　　图 4 - 185　酢浆草

(4 - 25) 牻牛儿苗科(Geraniaceae)

① 牻牛儿苗 *Erodium stephanianum* Willd.(图 4 - 186)　牻牛儿苗属 *Erodium*

一或二年生草本;半匍匐状,全株有毛;叶对生,长卵形或椭圆形,羽状全裂;伞形花序;花蓝紫色,萼片片先端具芒尖;蒴果顶端有长喙,呈螺旋状卷曲。

② 鼠掌老鹳草 *Geranium sibiricum* L.(图 4 - 187)　老鹳草属 *Geranium*

多年生草本;茎伏卧或上部斜向上;叶基部楔形或广心形,掌状 3 ~ 5 深裂;花单生;花瓣淡紫红色;雄蕊 10;蒴果,喙不呈螺旋状卷曲。

(4 - 26) 凤仙花科(Balsaminaceae)

水金凤 *Impatiens noli-tangere* L.(图 4 - 188)　凤仙花属 *Impatiens*

一年生草本;茎肉质,节膨大;叶互生,叶片边缘有粗锯齿,两面无毛;总状花序;花黄色,具 1 内弯的萼距;雄蕊 5;蒴果线状圆柱形。

(4 - 27) 五加科(Araliaceae)

① 无梗五加 *Acanthopanax sessiliflorus* (Rupr. et Maxim.) Seem. 五加属 *Acanthopanax*

灌木或小乔木;枝灰色,无刺或疏生刺;掌状复叶,3 ~ 5 小叶;头状花序球形;果实倒卵状椭圆球形,黑色。

图 4 - 186　牻牛儿苗　　　　　图 4 - 187　鼠掌老鹳草

② 刺五加 *Acanthopanax senticosus*（Rupr. et Maxim.）Harms.
（图 4 - 189）　五加属

灌木；茎密生细长倒刺；掌状复叶互生，小叶 5，稀 3，边缘具尖锐重锯齿或锯齿；伞形花序；浆果状核果近球形或卵形，黑色。

图 4 - 188　水金凤　　　　　图 4 - 189　刺五加

（4 - 28）伞形科（Apiaceae）

① 北柴胡 *Bupleurum chinense* DC.（图 4 - 190）　柴胡属 *Bupleurum*
多年生草本；主根灰褐色；茎之字形曲折；单叶，全缘，平行脉；

复伞形花序,伞辐3～8;花瓣鲜黄色;双悬果。

②白芷 Angelica dahurica (Fisch.) Benth. et Hook ex Franch. et Sav.(图4-191) 当归属 Angelica

多年生草本,茎干常紫色;叶2～3回羽状分裂,边缘有尖锐的重锯齿;复伞形花序,花序下面的叶鞘卵形;花瓣白色;双悬果侧棱翅状。

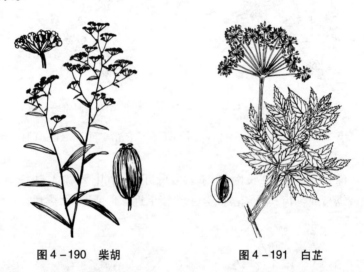

图4-190 柴胡　　　　　　　　　图4-191 白芷

③防风 Saposhnikovia divaricata (Turcz.) Schischk.(图4-192)防风属 Saposhnikovia

多年生草本;全株无毛;叶2～3回羽状分裂,末回裂片条形至披针形,全缘;复伞形花序;花瓣白色;子房具小瘤状突起;双悬果卵形,各棱近相等。

④短毛独活 Heracleum moellendorffii Hance(图4-193) 独活属 Heracleum

多年生草本;全株被短硬毛;羽状复叶,顶生小叶宽卵形或卵形,边缘具不规则牙齿;复伞形花序;萼齿小;花白色,具辐射瓣;果背腹压扁,侧棱宽翅状。

⑤窃衣 Torilis japonica (Houtt.) DC.(图4-194) 窃衣属 Torilis

一年生草本;全株有贴生短硬毛;叶一至二回羽状分裂,小叶片

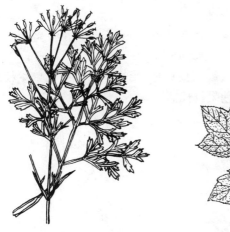

图 4 - 192 防风

图 4 - 193 短毛独活

图 4 - 194 窃衣

披针状卵形;复伞形花序;总苞片无;萼齿三角状披针形;花白色;果实有内弯或呈钩状的皮刺。

(6)菊亚纲

（6 - 1）龙胆科(Gentianaceae)

① 大叶龙胆(秦艽)*Gentiana macrophylla* Pallas（图 4 - 195）

龙胆属 *Gentiana*

多年生草本;叶对生,具 5 脉,叶长可达 30 cm;顶生聚伞花序成头状,花冠蓝紫色,5裂;蒴果。

② 中国扁蕾 *Gentianopsis barbata*(Froel.)Ma var. *sinensis* Ma (图4-196) 扁蕾属 *Gentianopsis*

多年生草本;叶对生,线状披针形,半抱茎,无柄;花单生枝顶,花冠4浅裂,淡蓝紫色;蒴果具长柄。

图4-195 大叶龙胆　　　图4-196 中国扁蕾

③ 花锚 *Halenia corniculata*(L.)Cornaz(图4-197)　花锚属 *Halenia*

一年生草本;叶对生,具3主脉;顶生伞形或腋生轮伞花序,花冠黄绿色,4裂,各裂片具1角状的距,柱头2裂;蒴果。

(6-2) 萝藦科(Asclepiadaceae)

① 鹅绒藤 *Cynanchum chinense* R. Br.(图4-198)　鹅绒藤属 *Cynanchum*

多年生草质藤本,全株具短柔毛,具乳汁;叶对生,宽三角状心形;二岐聚伞花序腋生,花冠白色,副花冠条裂;蓇葖果双生。

② 地梢瓜 *Cynanchum thesioides*(Freyn)Schumann(图4-199) 鹅绒藤属

多年生草本,茎细弱,具乳汁;叶对生,条形;聚伞花序腋生,花

图4-197 花锚

图4-198 鹅绒藤

冠绿白色,副花冠杯状;蓇葖果纺锤形。

③ 萝藦 *Metaplexis japonica*（Thunb.）Makino（图4-200） 萝藦属 *Metaplexis*

多年生草质藤本,具乳汁;叶对生,宽卵形,全缘,基部心形,叶柄顶端有腺体;花冠白色,带有紫红色斑纹;蓇葖果表面具瘤状突起。

图4-199 地稍瓜

图4-200 萝藦

④ 杠柳 *Periploca sepium* Bunge(图 4 - 201) 杠柳属 *Periploca*

落叶木质藤本,具乳汁;叶对生,披针形,全缘;聚伞花序腋生,花冠紫红色,副花冠 5~10 裂,雄蕊 5,花粉器匙形;蓇葖果双生。

(6 - 3) 茄科(Solanaceae)

龙葵 *Sol anum nigrum* L.(图 4 - 202) 茄属 *Sol*

一年生草本;叶互生,卵形,常具波状齿;蝎尾状花序腋外生,花冠白色,花萼宿存;浆果球形,熟时黑色。

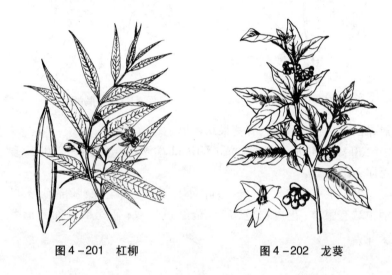

图 4 -201 杠柳   图 4 -202 龙葵

(6 - 4) 旋花科(Convolvulaceae)

① 打碗花 *Calystegia hederacea* Wallich(图 4 - 203) 打碗花属 *Calystegia*

一年生平卧草本,无毛,茎具细棱;叶互生,三角状卵形;苞片 2,紧靠萼片;花冠漏斗状,淡粉红色;蒴果卵圆形。

② 日本打碗花 *Calystegia pubescens* Lindley(图 4 - 204) 打碗花属 *Calystegia*

缠绕藤本,植株光滑无毛;单叶互生,三角状卵形,明显 3 裂;花较大,白色至红色,漏斗状;蒴果,为宿存萼片包藏。

③ 田旋花 *Convolvulus arvensis* L.(图 4 - 205) 旋花属 *Convolvulus*

多年生草本,植株无毛;叶互生,卵状长圆形,叶基多为戟形,全缘或 3 裂;苞片 2,远离萼片;花冠漏斗状,粉红色;蒴果。

图 4 -203 打碗花   图 4 -204 日本打碗花

(6 – 5) 菟丝子科(Cuscutaceae)

① 菟丝子 *Cuscuta chinensis* Lam.(图 4 – 206) 菟丝子属 *Cuscuta*

一年生寄生植物;茎纤细,黄色,无叶;花多数簇生,花小,花冠白色,顶端 5 裂,裂片宿存,花柱 2;蒴果,为宿存花瓣所包围。

图 4 -205 田旋花   图 4 -206 菟丝子

② 金镫藤(日本菟丝子)*Cuscuta japonica* Choisy(图 4 – 207)菟丝子属

一年生寄生草本,茎粗壮,稍肉质,橘红色,常带紫红色斑点,无叶;穗状花序,花冠钟形,绿白色或淡红色,花柱 1;蒴果。

（6-6）花葱科（Polemoniaceae）

花葱 *Polemonium caeruleum* L.（图 4-208）　花葱属 *Polemonium*

多年生直立草本;羽状复叶,互生;聚伞状圆锥花序顶生;花蓝紫色,雄蕊 5,柱头 3 裂;蒴果,球形。

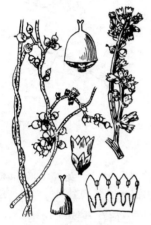

图 4-207　金镫藤

图 4-208　花葱

（6-7）紫草科（Boraginaceae）

① 鹤虱 *Lappula myosotis* Moench（图 4-209）　鹤虱属 *Lappula*

一年生草本,植株被毛;单叶,互生,倒披针形;花冠淡蓝色,喉部具 5 个附属物;小坚果 4,棱角上具刺。

② 附地菜 *Trigonotis peduuncularis*（Trev.）Benth. ex Baker et Moore.（图 4-210）　附地菜属 *Trigonotis*

一年生草本,植株被细硬毛;叶互生,茎下部叶常匙形,全缘;花萼 5 裂,宿存,花冠蓝色,喉部具 5 个鳞片状附属物;小坚果 4,卵状四面体。钝萼附地菜（*Trigonotis amblyosepala* Nakai et Kitag.）与前者区别在于萼片先端钝,花冠长约 3 mm。

（6-8）马鞭草科（Verbenaceae）

① 荆条 *Vitex negundo* L. var. *heterophylla*（Franchet）Rehder（图 4-211）　牡荆属 *Vitex*

落叶灌木,幼茎四棱;掌状复叶,对生,小叶边缘具粗锯齿;圆锥

图 4-209　鹤虱

图 4-210　附地菜

花序,花冠蓝紫色,二唇形,雄蕊 4,2 强;核果,球形。

② 透骨草 *Phryma leptostachya* L. ssp. *asiatica*（Hara）Kitam.
（图 4-212）　透骨草属 *Phryma*

多年生草本,茎四棱,节上部膨大;单叶对生,叶缘具粗锯齿;花小,紫红色或白色,花冠唇形;瘦果下垂贴生于花序轴上。

图 4-211　荆条

图 4-212　透骨草

（6-9）唇形科（Lamiaceae）

① 藿香 *Agastache rugosa* (Fischer et Meyer) Kuntze（图4-213）
藿香属 *Agastache*

多年生草本；茎四棱；叶对生，叶缘具粗齿，基部微心形；花序顶生成密穗状，花冠蓝紫色，上唇2裂，下唇3裂，雄蕊4，伸出花冠；4小坚果。

② 白苞筋骨草 *Ajuga lupulina* Maxim.（图4-214）　筋骨草属 *Ajuga*

多年生直立草本，茎四棱；单叶对生，叶缘具疏圆齿；苞片大，白色或绿紫色，内具唇形花冠的花，上唇小，2裂，下唇3裂；4小坚果。

图4-213　藿香　　　　　　　图4-214　白苞筋骨草

③ 水棘针 *Amethystea caerulea* L.（图4-215）　水棘针属 *Amethystea*

一年生直立草本；叶对生，3深裂，两面无毛；具疏松的圆锥花序，花冠蓝色，二唇形，下唇中裂片最大，雄蕊4，前对能育2枚伸出花冠；4小坚果。

④ 风轮菜 *Clinopodium chinense* (Benth.) Kuntze（图4-216）
风轮菜属 *Clinopodium*

多年生直立草本，茎四棱；单叶对生，卵圆形，叶缘具圆锯齿；轮伞花序有总梗，苞片针状，花紫红色，上唇微缺，下唇3裂，花萼先端具硬刺；4小坚果。

图4-215　水棘针　　　　　　　　图4-216　风轮菜

⑤ 香青兰 *Dracocephalum moldavica* L.（图 4-217）　青兰属 *Dracocephalum*

一年生草本,植株被倒毛;单叶对生,叶披针形,叶缘具齿,基出三主脉;轮伞花序常 4 花,生茎上部,花冠蓝紫色,上唇 3 裂,下 2 裂;4 小坚果。

⑥ 岩青兰 *Dracocephalum rupestre* Hance　青兰属 *Dracocephalum*

多年生草本,植株被倒向毛;单叶对生,叶三角状卵形,叶缘具齿;轮伞花序密集成头状,花冠蓝色,长达 4 cm;4 小坚果。

⑦ 木香薷 *Elsholtzia stauntonii* Benth.（图 4-218）　香薷属 *Elsholtzia*

落叶亚灌木,具浓烈香味;单叶对生,叶披针形,叶缘具粗锯齿;穗状花序偏向一侧;花冠淡红紫色,雄蕊 4,向外伸出;4 小坚果。

⑧ 益母草 *Leonurus japonicus* Houtt.（图 4-219）　益母草属 *Leonurus*

二年生直立草本,茎四棱,被倒向毛;单叶对生,中部叶 3 全裂,最上部叶不裂;轮伞花序腋生,苞片针刺形,花冠粉红色,上下唇近相等;4 小坚果。细叶益母草(*Leonurus sibiricus* L.)与前者区别在于最上部叶 3 全裂,花冠长 15～18 mm,上唇稍长于下唇。

⑨ 薄荷 *Mentha canadensis* L.（图 4-220）　薄荷属 *Mentha*

多年生草本,具浓烈的薄荷香味;单叶对生,叶缘具锯齿;轮伞

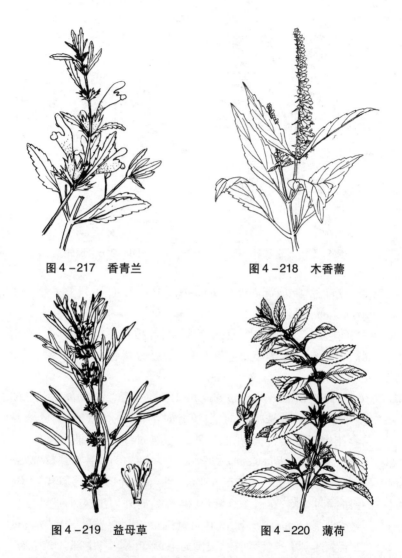

图 4 - 217 香青兰　　　　　　图 4 - 218 木香薷

图 4 - 219 益母草　　　　　　图 4 - 220 薄荷

花序腋生,花冠淡紫色,近辐射对称,雄蕊和花柱常伸出花冠外;
4 小坚果。

⑩ 糙苏 *Phlomis umbrosa* Turcz. (图 4 - 221)　糙苏属 *Phlomis*

多年生直立草本,全株被疏毛;单叶对生,近圆形,基部浅心形,叶
缘具圆齿;轮伞花序具明显的总柄,花冠粉红色,下唇 3 裂;4 小坚果。

⑪ 蓝萼香茶菜 *Isodon japonicus*（Burm. f.）Hara var. *glaucocalyx*（Maxim.）H. W. Li（图 4-222）　香茶菜属 *Isodon*

多年生直立草本，植株被疏毛；单叶对生，卵形，叶基楔形；由聚伞花序组成顶生的圆锥花序，花萼蓝色，花冠白色或蓝紫色，雄蕊和花柱伸出；4 小坚果。

图 4-221　糙苏　　　　　　　　图 4-222　蓝萼香茶菜

⑫ 荫生鼠尾草 *Salvia umbratica* Hance　鼠尾草属 *Salvia*

多年生草本，全株被毛；叶对生，卵状三角形，叶基心形，叶缘具锯齿；轮伞花序具 2 花，花冠紫褐色，雄蕊 2，特化成杠杆状；4 小坚果。丹参（*Salvia miltiorrhiza* Bunge）（图 4-223）与前者的区别在于奇数羽状复叶，小叶 3~5 枚。

⑬ 黄芩 *Scutellaria baicalensis* Georgi（图 4-224）　黄芩属 *Scutellaria*

多年生草本；叶对生，披针形，全缘；总状花序顶生，花萼上裂片具明显囊状突起，果时闭锁，花冠蓝紫色，二唇形，上唇盔状；4 小坚果。

⑭ 百里香 *Thymus mongolicus*（Ronn.）Ronn.（图 4-225）　百里香属 *Thymus*

落叶亚灌木，具匍匐的茎；单叶，对生，卵圆形，全缘或偶有 1~2 对小锯齿，两面无毛，侧脉 2~3 对；花红色，雄蕊 4；4 小坚果。

图 4 – 223　丹参

图 4 – 224　黄芩

（6 – 10）车前科（Plantaginaceae）

平车前 *Plantago depressa* Willd.（图 4 – 226）　车前属 *Plantago*
一年生或二年生草本。直根。叶基生,叶片椭圆形、椭圆状披针形或卵状披针形,边缘具浅波状钝齿、不规则锯齿或牙齿,弧形脉 5 ~ 7 条。花序 3 ~ 10 余个;穗状花序细圆柱状。蒴果于基部上方周裂。车前(*Plantago asiatica* L.)(图 4 – 227)与前者区别在于具须根,叶两面无毛。

图 4 – 225　百里香

图 4 – 226　平车前

(6-11) 木犀科(Oleaceae)

① 大叶白蜡 *Fraxinus chinensis* Roxb. ssp. *rhynchophylla*（Hance）
E. Murray（图 4-228） 白蜡树属 *Fraxinus*

落叶乔木；叶对生，奇数羽状复叶，小叶多为 5，顶生小叶大，小叶有锯齿；圆锥花序顶生于当年生枝条，无花冠；单翅果。

图 4-227 车前

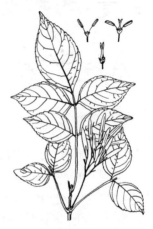

图 4-228 大叶白蜡

② 北京丁香 *Syringa reticulata*（Blume）Hara ssp. *pekinensis*
（Rupr.）P. S. Green et M. C. Chang（图 4-229） 丁香属 *Syringa*

落叶小乔木；单叶，对生，卵形，两面无毛；圆锥花序顶生，花黄白色，雄蕊 2，与花冠裂片等长；蒴果，长圆形。

③ 红丁香 *Syringa villosa* Vahl 丁香属

落叶灌木；单叶，对生，宽椭圆形，背面被白粉，近中脉处有短毛；圆锥花序顶生，花紫红色至白色；蒴果，光滑。

(6-12) 玄参科(Scrophulariaceae)

① 返顾马先蒿 *Pedicularis resupinata* L. 马先蒿属 *Pedicularis*

直立草本；单叶，互生，长圆状披针形，叶缘具钝圆的羽状重锯齿；唇形花冠，向右扭转，上唇延长成喙，花冠紫红色；蒴果。

② 红纹马先蒿 *Pedicularis striata* Pallas（图 4-230） 马先蒿属

多年生草本，植株密被短卷毛；叶互生，羽状全裂或深裂，裂片线

图 4 – 229　北京丁香

图 4 – 230　红纹马先蒿

形,具浅齿;花冠黄色,具红色条纹,上唇延长成短喙;蒴果斜卵形。

③ 松蒿 *Phtheirospermum japonicum*（Thunb.）Kanitz（图 4 – 231）松蒿属 *Phtheirospermum*

一年生草本,全株被腺毛;叶对生,叶片轮廓三角状卵形,下部叶羽状全裂,向上羽状深裂至浅裂;花冠粉红色,上唇边缘向外反卷;蒴果。

④ 地黄 *Rehmannia glutinosa*（Gaertner）Libosch. ex Fischer et C. A. Meyer（图 4 – 232）　地黄属 *Rehmannia*

多年生草本,全株密被毛;叶常基生,倒卵形,边缘具钝齿,背面常淡紫色;总状花序顶生,花冠筒状,紫红色,二唇形;蒴果卵球形。

⑤ 阴行草 *Siphonostegia chinensis* Benth.（图 4 – 233）　阴行草属 *Siphonostegia*

一年生草本,密被锈色短毛;叶对生,二回羽状全裂,裂片狭线形;花对生于茎枝上部,花萼管状,花冠黄色,二唇形;蒴果,长圆形。

⑥ 水蔓菁 *Pseudolysimachion linariifolium* Pallas ex Link subsp. *dilatatum*（Nakai & Kitag.）D. Y. Hong（图 4 – 234）　穗花属 *Pseudolysimachion*

多年生草本,全株被白色细短柔毛;单叶,下部对生,上部互生,叶片线形;总状花序长穗状,花冠蓝紫色,雄蕊 2;蒴果,卵球形。

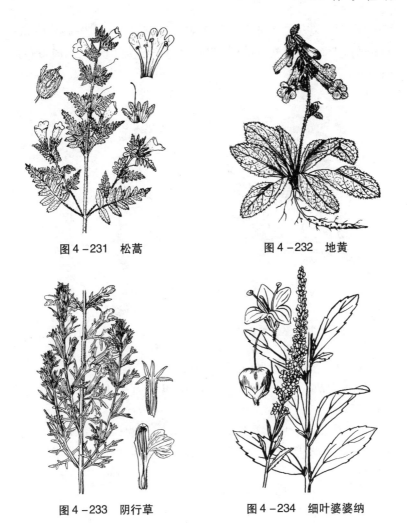

图4-231 松蒿　　　　　　图4-232 地黄

图4-233 阴行草　　　　　图4-234 细叶婆婆纳

⑦ 草本威灵仙 Veronicastrum sibiricum（L.）Pennell（图4-235）腹水草属 Veronicastrum

多年生草本;叶3~8轮生,无柄,叶片长圆形,边缘有三角状锯齿。花序顶生,长尾状,花冠青紫色,雄蕊2;蒴果卵形。

(6-13) 列当科（Orobanchaceae）

列当 Orobanche coerulescens Stephan（图4-236） 列当属 Orobanche

一年生寄生草本,全株密被蛛丝状长绵毛;叶鳞片状,互生;穗

165

状花序顶生,花冠二唇形,蓝紫色;蒴果。黄花列当(*Orobanche pyc-nostachya* Hance)与列当的区别在于植株密被腺毛;花冠淡黄色或白色。

图4-235　草本威灵仙　　　　　　图4-236　列当

(6-14) 苦苣苔科(Gesneriaceae)

牛耳草 *Boea hygrometrica* (Bunge) R Br. (图4-237)　旋蒴苣苔属 *Boea*

多年生草本。叶基生,边缘具不规则钝圆齿,被绿色长茸毛。花数朵,聚伞状排列;花冠2唇形,裂片5,淡红色;发育雄蕊2。蒴果扭转。

(6-15) 紫葳科(Bignoniaceae)

角蒿 *Incarvillea sinensis* Lam. (图4-238)　角蒿属 *Incarvillea*

一年生草本,植株被细毛;基部叶对生,茎上叶互生,2~3回羽状深裂;花冠2唇形,雄蕊4,2长2短;蒴果,长角状弯曲。

(6-16) 桔梗科(Campanulaceae)

① 展枝沙参 *Adenophora divaricata* Franchet & Savat. (图4-239)　沙参属 *Adenophora*

多年生草本,具白色乳汁;茎生叶3~4轮生,菱状卵形,边缘具锐锯齿;圆锥花序塔形,花下垂,花冠蓝紫色,钟状;蒴果。

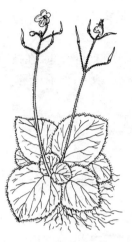

图 4 –237　牛耳草

图 4 –238　角蒿

② 多岐沙参 *Adenophora potaninii* Korsh. ssp. *wawreana*（Zahlbr.）S. Ge & D. Y. Hong（图 4 –240）　沙参属

多年生草本，具白色乳汁；茎生叶互生，卵形，叶缘具锯齿；圆锥花序，多分枝，花冠蓝紫色，钟状，花萼边缘有齿；蒴果。石沙参（*Adenophora polyantha* Nakai）（图 4 – 241）与前者区别在于花萼裂片全缘。

图 4 –239　展枝沙参

图 4 –240　多歧沙参

③ 羊乳 *Codonopsis lanceolata*（Siebold et Zucc.）Trautv.（图 4 – 242） 党参属 *Codonopsis*

多年生蔓生草本,具白色乳汁和特殊气味;叶互生,在枝顶 3 ~ 4 枚轮生,全缘;花冠黄绿色,内具紫色斑点;蒴果,种子具翅。

图 4 –241　石沙参

图 4 –242　羊乳

④ 党参 *Codonopsis pilosula*（Franchet）Nannfeldt（图 4 – 243） 党参属

多年生草质藤本,植株具白色乳汁和特殊气味;叶互生或对生,卵形,叶缘具波状齿;花冠黄绿色,具紫色斑点;蒴果,种子无翅。

⑤ 桔梗 *Platycodon grandiflorus*（Jacq.）A. DC.（图 4 – 244） 桔梗属 *Platycodon*

多年生草本,具白色乳汁;叶 3 枚轮生,有时对生或互生,卵形,边缘具尖锯齿,下面被白粉;花冠蓝紫色,阔钟形;蒴果。

（6 – 17）茜草科（Rubiaceae）

① 蓬子菜 *Galium verum* L.（图 4 – 245）　猪殃殃属 *Galium*

多年生草本,茎四棱,无倒钩刺;叶 6 ~ 10 片轮生,线形,边缘反卷,中脉 1,隆起;圆锥花序顶生,花冠黄色,4 裂;果实双头形。线叶猪殃殃（*Galium linearifolium* Turcz.）与前者的区别在于 4 叶轮生,花白色。

图 4 -243　党参

图 4 -244　桔梗

② 茜草 *Rubia cordifolia* L. (图 4 - 246)　茜草属 *Rubia*

多年生攀援草本,茎四棱,有倒钩刺。叶常 4 片轮生,有叶柄,叶缘和背脉有小倒刺。聚伞花序顶生,花冠绿白色,5 裂;果肉质。

图 4 -245　蓬子菜

图 4 -246　茜草

③ 薄皮木 *Leptodermis oblonga* Bunge(图 4 - 247)　野丁香属 *Leptodermis*

落叶小灌木,小枝被毛;单叶,对生,全缘,椭圆状卵形,叶柄间托叶三角形;花数朵集合成头状,花冠紫色,漏斗状,5裂;蒴果。

（6-18）忍冬科（Caprifoliaceae）

① 六道木 *Zabelia biflora*（Turcz.）Makino（图4-248） 六道木属 *Zabelia*

落叶灌木,枝有6个沟槽;叶对生,长圆形,全缘或具1~4对粗齿。花不具总梗,顶生2对,花萼叶状,宿存,花瓣淡黄色;瘦果弯曲。

图4-247 薄皮木　　　　　图4-248 六道木

② 金花忍冬 *Lonicera chrysantha* Turcz. ex Ledeb.（图4-249）忍冬属 *Lonicera*

落叶灌木,小枝中空;叶对生,全缘,菱状卵形,两面具毛;总花柄长于叶柄,花黄色,成对腋生,花冠二唇形;浆果,红色。

③ 接骨木 *Sambucus williamsii* Hance（*S. sieboldiana* Blume. ex Miq.）（图4-250） 接骨木属 *Sambucus*

落叶灌木;奇数羽状复叶,对生,小叶7枚,长圆形,边缘具锐锯齿;圆锥花序顶生,花冠黄白色;果熟时鲜红色至紫黑色。

④ 鸡树条荚蒾 *Viburnum opulus* L. ssp. *calvescens*（Rehder）Sugimoto（图4-251） 荚蒾属 *Viburnum*

落叶灌木;单叶,对生,卵形,顶端3裂,掌状3出脉,叶柄顶端具2~4腺体;聚伞花序顶生,边缘具5裂的白色不育花;浆果状核果。

图4-249　金花忍冬　　　　　　图4-250　接骨草

（6-19）败酱科(Valerianaceae)

① 黄花龙芽 *Patrinia scabiosaefolia* Fisch. ex Link.（图4-252）
败酱属 *Patrinia*

多年生草本；根有腐臭味；植物体高大，茎生叶对生，下部叶
3～7琴状羽裂，上部叶不裂；伞房状聚伞花序顶生，花冠黄色，雄蕊
4；瘦果无翅状苞片。

图4-251　鸡树条荚蒾　　　　图4-252　黄花龙牙

171

② 异叶败酱 *Patrinia heterophylla* Bunge(图 4 – 253) 败酱属

多年生草本;根有强烈臭味;茎生叶对生,不裂或羽状分裂;伞房状聚伞花序顶生,花冠黄色,雄蕊 4;瘦果,翅状苞片长圆形。

③ 缬草 *Valeriana officinalis* L.(图 4 – 254) 缬草属 *Valeriana*

多年生直立草本,根有强烈气味;叶对生,3 ~ 9 对羽状深裂,裂片披针形;圆锥聚伞花序,花粉红色或白色;瘦果顶端有羽毛状冠毛。

图 4 – 253 异叶败酱　　　　　图 4 – 254 缬草

(6 – 20) 川续断科(Dipsacaceae)

① 日本续断 *Dipsacus japonicus* Miq.(图 4 – 255) 续断属 *Dipsacus*

多年生草本,茎具棱沟,全株具倒钩刺;茎生叶对生,倒卵状椭圆形,3 ~ 5 羽状深裂,边缘有锯齿;头状花序顶生,花冠紫红色;瘦果。

② 蓝盆花 *Scabiosa comosa* Fischer ex Roemer et Schultes(图 4 – 256) 蓝盆花属 *Scabiosa*

多年生草本,茎具白色卷伏毛;茎生叶对生,羽状深裂至全裂。头状花序,具长柄,边花 2 唇形,蓝紫色,中央花筒状;瘦果。

(6 – 21) 菊科(Asteraceae)

① 腺梗菜(和尚菜)*Adenocaulon himalaicum* Edgew.(图 4 – 257) 和尚菜属 *Adenocaulon*

多年生草本;茎生叶肾形或近圆形,下面密被蛛丝状毛,叶柄具

图 4 - 255　日本续断　　　　　图 4 - 256　华北蓝盆花

狭翅;头状花序圆锥状排列,具腺毛;瘦果棍棒状。

② 牛蒡 Arctium lappa L. (图 4 - 258)　牛蒡属 Arctium

二年生草本,茎粗壮,带紫色;基生叶丛生,大形,有长柄,下面密被白短柔毛。头状花序较大,总苞具钩状刺;瘦果倒卵形。

图 4 - 257　和尚菜　　　　　图 4 - 258　牛蒡

③ 野艾蒿 Artemisia lavandulifolia DC. (图 4 - 259)　蒿属 Artemisia

多年生草本,有浓烈气味;下部叶有长柄,2 回羽状裂,中部叶羽状深裂,裂片 1～2 对,上面有白色腺点,下面密被灰白色短毛;瘦果。

④ 大籽蒿 Artemisia sieversiana Ehrh. ex Willd.（图 4－260） 蒿属

1～2 年生草本,茎较粗,全株被白色短柔毛;下部叶和中部叶具长柄,叶 2～3 回羽状深裂,羽轴具狭翅;头状花序直径 4～6 mm;瘦果。

图 4－259 野艾蒿　　　　　　　图 4－260 大籽蒿

⑤ 白莲蒿 Artemisia gmelinii Weber ex Stechm.（图 4－261） 蒿属

多年生草本,茎基部木质;叶二回羽状全裂,羽轴有栉齿状小裂片,叶背白色;头状花序,近球形,直径约 3 mm;瘦果。该地区常见的还有茵陈蒿（Artemisia capillaris Thunb.）（图 4－262）和黄花蒿（Artemisia annua L.）（图 4－263）,两者均为 1～2 年生草本,头状花序小,径 1～2 mm;区别在于前者只边缘小花结实,后者小花结实。

⑥ 三脉紫菀 Aster ageratoides Turcz.（图 4－264） 紫菀属 Aster

多年生草本;叶长圆状披针形,边缘有 3～7 对锯齿,表面被糙毛,离基 3 出脉;头状花序伞房状,舌状花紫色,管状花黄色;瘦果具糙毛状冠毛。

⑦ 狗哇花 Aster hispidus Thunb［Heteropappus hispidus（Thunb.）Less.）］（图 4－265） 紫菀属

1～2 年生草本,茎有粗毛;叶互生,狭长圆形,全缘,无叶柄;头

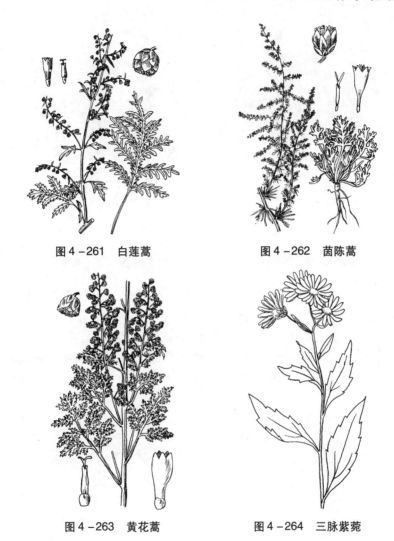

图4-261　白莲蒿　　　　　图4-262　茵陈蒿

图4-263　黄花蒿　　　　　图4-264　三脉紫菀

状花序排成伞房状,直径3~5 cm,舌状花白色或带淡红色;瘦果有密毛。阿尔泰狗哇花(*Aster altaicus* Willd.)(图4-266)与前者的区别在于多年生草本,全株被弯曲短硬毛,头状花序直径1~3 cm。

⑧ 东风菜 *Aster scaber* Thunb［*Doellingeria scabra*（Thunb.）Nees］(图4-267)　紫菀属

多年生草本,茎直立;基生叶和茎下部叶心形,叶柄具翅,中部

图 4 - 265　狗哇花

图 4 - 266　阿尔泰狗哇花

以上叶卵状三角形;头状花序伞房状,总苞多层,舌状花白色;瘦果具白色冠毛。

⑨ 紫菀 Aster tataricus L. (图 4 - 268)　紫菀属

多年生草本;基生叶大型,长椭圆形,具下延成翅的长叶柄,羽状脉;头状花序伞房状,舌状花蓝紫色,管状花黄色;瘦果具糙毛状冠毛。

图 4 - 267　东风菜

图 4 - 268　紫菀

⑩ 苍术 *Atractylodes lancea* (Thunb.) DC. (图4-269) 苍术属 *Atractylodes*

多年生草本;单叶互生,革质,叶缘具刺,不裂或3~5裂,无柄;头状花序基部苞片叶状,总苞具刺,管状花白色;瘦果具羽毛状冠毛。

⑪ 鬼针草 *Bidens bipinnata* L. (图4-270) 鬼针草属 *Bidens*

一年生草本。叶对生,二回羽状深裂,小裂片三角形或菱状披针形;舌状花1~3,管状花冠5裂,瘦果顶端有芒刺3~4。小花鬼针草(*B. parviflora* Willd.) (图4-271)与前者的区别在于叶2~3回羽状全裂,小裂片线形或线状披针形;舌状花无,管状花冠4裂,瘦果顶端有芒刺2。

图4-269 苍术

图4-270 鬼针草

⑫ 翠菊 *Callistephus chinensis* (L.) Nees(图4-272) 翠菊属 *Callistephus*

1~2年生草本,茎被白色糙毛;叶互生,卵形至长椭圆形,边缘具粗钝锯齿,两面被毛;头状花序,总苞外层叶状,花色多变;瘦果具内层为羽毛状冠毛。

⑬ 飞廉 *Carduus nutans* L. (图4-273) 飞廉属 *Carduus*

两年生直立草本,茎具纵向延伸的翅,翅有齿刺;叶羽状深裂,裂片边缘具刺,下面被毛;总苞多层,先端刺状,花紫红色;瘦果具刺毛状冠毛。

图4-271 小花鬼针草   图4-272 翠菊

⑭ 烟管蓟 *Cirsium pendulum* Fischer ex DC.（图4-274） 蓟属 *Cirsium*

多年生草本,被蛛丝状毛;叶羽状深裂,边缘具刺,两面具毛;头状花序顶生,下垂;总苞片先端具刺尖,花紫色;瘦果具羽毛状冠毛。

图4-273 飞廉   图4-274 烟管蓟

⑮ 小红菊 *Chrysanthemum chanetii* Lévl.（图 4 – 275） 菊属 *Chrysanthemum*

多年生草本;叶互生,宽卵形或肾形,掌状或羽状裂,叶柄具翅;头状花序,总苞 4 ~ 5 层,舌状花粉红或白色;瘦果无冠毛。甘菊[*Chrysanthemum lavandlifolium*（Fisch. ex Trautv.）Makino]（图 4 – 276）与前者区别在于头状花序小,直径 1 ~ 1.5 cm,舌状花黄色。

图 4 –275 小红菊

图 4 –276 甘菊

⑯ 尖裂假还阳参(苦荬菜)*Crepidiastrum sonchifolium*（Maxim.）Pak et Kawano（*Ixeris sonchifolia* Hance）（图 4 – 277） 假还阳参属 *Crepidiastrum*

多年生草本,无毛,具乳汁;基生叶莲座状,茎生叶耳状抱茎,最宽处在基部,有齿或裂;头状花序,黄色;瘦果黑色。黄瓜假还阳参(秋苦荬菜)[*Crepidiastrum denticulatum*（Houttuyn）Pak et Kawano]与前者的区别在于茎生叶最宽处在叶中上部。

⑰ 蓝刺头 *Echinops davuricus* Fischer ex Hornem.（图 4 – 278）蓝刺头属 *Echinops*

多年生草本,全部密被毛;叶互生,二回羽状分裂,边缘具刺齿,下面密被白色棉毛;复头状花序,球形,花淡蓝色;瘦果具冠状冠毛。

图4-277 苦买菜　　　　　　　　图4-278 蓝刺头

⑱ 旋覆花 *Inula japonica* Thunb.（图4-279）　旋复花属 *Inula*
多年生草本；茎生叶互生，长圆形，基部半抱茎，全缘；头状花序，总苞多层，舌状花和管状花均为黄色；瘦果具白色冠毛。

⑲ 苦菜 *Ixeris chinensis* (Thunb.)Nakai（图4-280）　苦荬菜属 *Ixeris*
多年生草本，具乳汁；叶线状披针形，不规则羽裂；头状花序排列成伞房状，花黄色或白色；瘦果具白色冠毛。

图4-279 旋覆花　　　　　　　　图4-280 苦菜

⑳ 翅果菊(山莴苣)*Lactuca indica* L.(图4-281) 莴苣属 *Lactuca*
1~2年生草本,具乳汁;叶互生,长椭圆状披针形,不裂、羽状
深裂或全裂,基部抱茎;头状花序顶生,舌状花黄色;瘦果具白色
冠毛。

㉑ 大丁草 *Gerbera anandria* (L.)Sch.-Bip.(图4-282) 大丁
草属 *Gerbera*

多年生草本,植株具春秋二型之别,叶基生,莲座状,叶片形状
多变。花葶单生或数个丛生,头状花序单生于花葶之顶;雌花花冠
舌状,带紫红色;两性花花冠管状二唇形。冠毛污白色。

图4-281 山莴苣   图4-282 大丁草

㉒ 火绒草 *Leontopodium leontopodioides* (Willd.) Beauverd(图4-
283) 火绒草属 *Leontopodium*

多年生草本,全株密被白色长绒毛和绢状毛;叶直立,条形,无
柄;头状花序大,被白色绵毛;瘦果有乳头状突起。

㉓ 狭苞橐吾 *Ligularia intermedia* Nakai(图4-284) 橐吾属
Ligularia

多年生草本;叶片肾形,边缘具整齐的三角状齿,两面光滑,叶
具长柄,掌状叶脉;头状花序排成总状花序,花黄色;瘦果圆柱形。

图4-283　火绒草　　　　　　　　图4-284　狭苞橐吾

㉔蚂蚱腿子 *Pertya dioica*（Bunge）T. G. Gao（图4-285）　帚菊属 *Pertya*

落叶小灌木;叶互生,宽披针形,全缘,具3主脉;头状花序生于叶腋,先叶开花,总苞5~8片,花淡紫色或白色;瘦果具白色冠毛。

㉕毛连菜 *Picris japonica* Thunb.（图4-286）　毛连菜属 *Picris*

二年生草本,具乳汁,全株被钩状硬毛;叶长圆状披针形,边缘具尖齿;头状花序全为舌状花,花黄色;瘦果圆柱形,内层冠毛羽毛状。

图4-285　蚂蚱腿子　　　　　　　图4-286　毛连菜

㉖ 福王草(盘果菊)*Prenanthes tatarinowii* Maxim.(图4-287)
福王草属 *Prenanthes*

多年生草本;有乳汁。叶有长柄,叶片卵形,叶柄上常有卵形耳状小裂片,边缘具不规则齿;头状花序排成圆锥状,舌状花污黄色;冠毛淡褐色。大叶盘果菊(*Prenanthes macrophylla* Franch.)与前者的区别在于叶羽状3~5裂。

㉗ 祁州漏芦 *Rhaponticum uniflorum*(L.)DC.(图4-288) 祁州漏芦属 *Rhaponticum*

多年生草本;叶羽状深裂,裂片边缘具不规则齿,两面被软毛;头状花序单生茎顶,总苞片具干膜质附片,花紫红色;瘦果。

图4-287 盘果菊　　　　　图4-288 祁州漏芦

㉘ 日本风毛菊 *Saussurea japonica*(Thunb.)DC.(图4-289)
风毛菊属 *Saussurea*

两年生草本,茎常具翅;叶长椭圆形,羽状半裂或深裂;头状花序排成伞房状,总苞6层,花冠紫色;瘦果,内层冠毛羽毛状。

㉙ 银背风毛菊 *Saussurea nivea* Turcz.(图4-290) 风毛菊属

多年生草本,茎被蛛丝状毛;下部叶有长柄,卵状三角形,背面被银白色密绵毛;头状花序,总苞5~7层,花粉紫色;瘦果,褐色。

图4-289　风毛菊　　　　　图4-290　银背风毛菊

㉚ 鸦葱 Scorzonera austriaca Willd.（图4-291）　鸦葱属 Scorzonera

多年生草本，具乳汁；基生叶多数，椭圆状披针形，全缘，茎生叶苞片状；头状花序单生于茎顶，头状花序全为黄色舌状花；瘦果具羽毛状冠毛。

㉛ 林阴千里光 Senecio nemorensis L.（图4-292）　千里光属 Senecio

多年生草本，茎具棱槽。叶卵状披针形，边缘有细锯齿；头状花序，管状花和舌状花均黄色；瘦果圆柱形，有纵沟，光滑。

图4-291　鸦葱　　　　　图4-292　林荫千里光

㉜ 豨莶 *Sigesbeckia orientalis* L.(图 4 - 293) 豨莶属 *Sigesbeckia*
一年生草本,全株密被毛;叶对生,阔卵形,基出三脉,叶柄下延;头状花序具柄,总苞具腺毛,花黄色;瘦果倒卵形。

㉝ 苣荬菜 *Sonchus brachyotus* DC.(图 4 - 294) 苣荬菜属 *Sonchus*
多年生草本,具乳汁;单叶互生,基生叶具柄,边缘具疏浅裂;茎生叶无柄,耳状抱茎;头状花序皆为黄色舌状花。瘦果长圆形,冠毛白色。

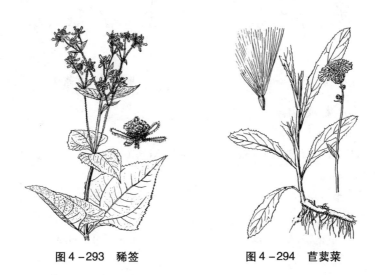

图 4 -293 豨莶   图 4 -294 苣荬菜

㉞ 蒲公英 *Taraxacum mongolicum* Hand.-Mazz.(图 4 - 295)
蒲公英属 *Taraxacum*

多年生草本,有白色乳汁。叶基生,倒卵状披针形、倒披针形或长圆状披针形,边缘常倒向羽裂。花葶 1 至数个,中空;头状花序全为舌状花,黄色。瘦果顶端逐渐收缩为长喙。

㉟ 苍耳 *Xanthium sibiricum* Patr.(图 4 - 296) 苍耳属 *Xanthium*
一年生草本。叶互生,有长柄,叶片宽三角形,边缘有缺刻及不规则粗锯齿,粗糙或被短白毛,基部有显著的脉 3 条。头状花序近于无柄,单性同株;雄花序球形;雌花序卵形。瘦果倒卵形,包藏在有刺的总苞内。

图 4-295　蒲公英　　　　　图 4-296　苍耳

（6）棕榈亚纲

（6-1）天南星科（Araceae）

① 东北南星 *Arisaema amurense* Maxim.（图 4-297）　天南星属 *Arisaema*

多年生草本；叶 1 枚，小叶片 5（幼叶 3）；雌雄异株，佛焰苞常绿色；肉穗花序，附属器棍棒状；浆果红色。

② 一把伞天南星 *Arisaema erubescens*（Wall.）Schott（图 4-298）　天南星属 *Arisaema*

多年生草本；块茎扁球形。叶 1 枚，小叶片 7～20，轮生于叶柄顶端；小叶片顶端细丝状；雌雄异株，肉穗花序。

（7）鸭跖草亚纲

（7-1）鸭跖草科（Commelinaceae）

竹叶子 *Streptolirion volubile* Edgew.（图 4-299）　竹叶子属 *Streptolirion*

一年生缠绕草本；叶具长柄，卵状心形，基部成鞘；花白色；雄蕊 6，花丝有毛；蒴果长卵圆形，具喙。

（7-2）莎草科（Cyperaceae）

① 宽叶苔草 *Carex siderosticta* Hance（图 4-300）　苔草属 *Carex*

多年生草本；具细长匍匐根状茎；叶宽 2～6 mm；小穗多数，雌

图 4 -297　东北天南星

图 4 -298　一把伞天南星

图 4 -299　竹叶子

图 4 -300　宽叶苔草

雄花同穗;果囊具短喙。

　② 尖嘴苔草 *Carex leiorhyncha* C. A. Mey. (图 4 -301)　苔草属

多年生草本;根状茎短;叶广披针形,宽达 3 cm;小穗 4 ~ 8 个,
雌雄花同穗;柱头 2;果囊具长喙。

187

（7 – 3）禾本科（Poaceae）

① 远东芨芨草 *Achnatherum extremiorientale*（Hara）Keng（图 4 – 302）　芨芨草属 *Achnatherum*

多年生草本；秆直立；圆锥花序，开展，分枝细长，小穗含 1 花，长 7～9 cm，外稃具长约 2 cm 的芒。

图 4 –301　尖嘴苔草　　　图 4 –302　远东芨芨草

② 荩草 *Arthraxon hispidus*（Thunb.）Makino（图 4 – 303）　荩草属 *Arthraxon*

一年生草本；秆细弱；叶鞘短于节间，具短硬疣毛；叶片卵状披针形，基部心形，抱茎；花序分枝细弱，2～10 总状花序排列呈指状。

③ 野古草 *Arundinella hirta*（Thunb.）Tanaka（图 4 – 304）　野古草属 *Arundinella*

多年生草本；秆直立，叶鞘常密生疣毛；叶片线形；圆锥花序，小穗成对着生，每小穗含 1 两性花和 1 退化花。

④ 白羊草 *Bothriochloa ischaemum*（L.）Keng（图 4 – 305）　孔颖草属 *Bothriochloa*

多年生草本；秆丛生，秆基成簇的分枝形成密集的叶鞘；总状花序，4 至多数指状排列于秆顶；小穗成对生于各节。

图 4 -303 荩草　　　　　　图 4 -304 野古草

⑤ 野青茅 *Deyeuxia pyramidalis*（Host）Veldk.（图 4 -306）　野青茅属 *Deyeuxia*

多年生草本;秆丛生;叶鞘先端撕裂;圆锥花序紧缩,小穗含 1 花;芒自近外稃的基部伸出,膝曲;基盘具丝状毛。

图 4 -305 白羊草　　　　　　图 4 -306 野青茅

⑥ 䓚草 *Beckmannia syzigachne*（Steud.）Fernald（图 4 – 307）
䓚草属 *Beckmannia*

一年生草本；秆直立；圆锥花序狭窄，分枝为穗状花序；小穗压扁，圆形，灰绿色，成覆瓦状排列于穗轴的一侧，常含 1 小花。

⑦ 虎尾草 *Chloris virgata* Swartz（图 4 – 308）　虎尾草属 *Chloris*

一年生草本；丛生，秆直立或基部膝曲；最上部叶鞘常包有花序；穗状花序 4 ~ 10 枚，指状着生于秆顶，常直立而并拢成毛刷状。

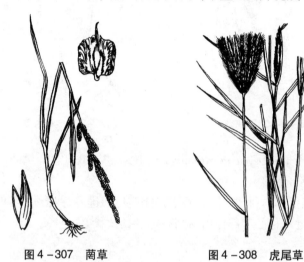

图 4 – 307　䓚草　　　　　图 4 – 308　虎尾草

⑧ 马唐 *Digitaria sanguinalis*（L.）Scop.（图 4 – 309）　马唐属 *Digitaria*

一年生草本；秆斜生；总状花序细弱，3 ~ 10 枚，呈指状排列；每节生 2 ~ 3 小穗，下边小穗无柄；小穗含 1 花；颖果。

⑨ 牛筋草（蟋蟀草）*Eleusine indica*（L.）Gaertn.（图 4 – 310）蟋蟀草属 *Eleusine*

一年生草本；秆丛生，基部显著压扁；叶鞘压扁而具脊；穗状花序，2 至数个簇生茎顶，呈指状排列；小穗含 3 ~ 6 花；胞果。

⑩ 披碱草 *Elymus dahuricus*（Turcz.）Nevski（图 4 – 311）　披碱草属 *Elymus*

多年生草本；秆直立；叶鞘多长于节间；穗状花序，每节常 2 小

图 4 -309　马唐　　　　　　　图 4 -310　蟋蟀草

穗;小穗含 3 ~ 5 花,外稃具芒,内外稃近等长。

⑪ 纤毛鹅观草 *Elymus ciliaris* (Trinius ex Bunge) Tzvelev(图 4 –
312)　鹅观草属 *Elymus*

多年生草本;叶鞘无毛;穗状花序,直立或稍下垂;小穗含 7 ~ 10
花;外稃边缘具长纤毛。缘毛鹅观草[*Elymus pendulinus*(Nevski)
Tzvelev]与前者的区别在于外稃边缘具缘毛。

图 4 -311　披碱草　　　　　　图 4 -312　纤毛鹅冠草

⑫ 白茅 *Imperata cylindrica*（L.）Beasuv. var. *major*（Nees）C. E. Hubb（图4-313） 白茅属 *Imperata*

多年生草本；秆直立，形成疏丛；节上具柔毛；圆锥花序，圆柱状；分枝短缩密集；小穗成对或单生，基部围以细长丝状柔毛。

⑬ 臭草 *Melica scabrosa* Trin.（图4-314） 臭草属 *Melica*

多年生草本；秆直立，丛生；叶鞘闭合；叶舌膜质透明；圆锥花序狭窄；小穗顶端几个不发育外稃集成小球形，两颖等长。

图4-313 白茅

图4-314 臭草

⑭ 求米草 *Oplismenus undulatifolius*（Ard.）Roem. et Schult.（图4-315） 求米草属 *Oplismenus*

一年生草本；秆细弱，基部横卧，节处生根；叶鞘密被疣基毛；叶片披针形，基部近圆形；圆锥花序，分枝短缩；小穗卵圆形，簇生或成对着生。

⑮ 白草 *Pennisetum flaccidum* Griseb.（图4-316） 狼尾草属 *Pennisetum*

多年生草本；具横走根茎；穗状圆锥花序，呈圆柱状；刚毛（不育枝）灰白色或带褐紫色；小穗含1~2花，常单生，围以由刚毛形成的总苞。

图4-315　求米草　　　　　　　图4-316　白草

⑯ 虉草（草芦）*Phalaris arundinacea* L.（图4-317）　　虉草属 *Phalaris*

多年生草本；具根茎；叶鞘无毛，下部者长于节间；圆锥花序，紧密窄狭成圆柱状；分枝直向上升，密生小穗；小穗含3小花。

⑰ 芦苇 *Phragmites australis*（Cav.）Trin.（图4-318）　　芦苇属 *Phragmites*

多年生高大草本；根状茎发达；圆锥花序大型，顶生，开展；小穗含4~7花，外稃顶端渐狭如芒，基盘具细长丝状柔毛。

⑱ 硬质早熟禾 *Poa sphondylodes* Trin.（图4-319）　　早熟禾属 *Poa*

多年生草本；秆直立，形成密丛；叶鞘集中在中部以下；圆锥花序紧缩而稠密；小穗含4~6花，基盘具蛛丝状毛。

⑲ 金狗尾草 *Setaria pumila*（Poiret）Roemer et Schultes　　狗尾草属 *Setaria*

一年生草本；节不部生根；叶鞘下部压扁具脊；叶舌毛状；圆锥花序，圆柱状，通常直立；刚毛金黄色或稍带褐色。

⑳ 狗尾草 *Setaria viridis*（L.）Beauv.（图4-320）　　狗尾草属 *Setaria*

一年生草本；一般较细弱；叶舌毛状；圆锥花序，圆柱形，直立或稍弯垂；小穗下生有刚毛（不育枝），绿色、黄色或带紫色。

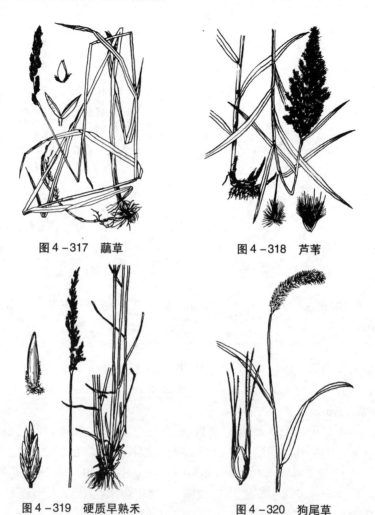

图 4 - 317　荻草　　　　　　　图 4 - 318　芦苇

图 4 - 319　硬质早熟禾　　　　图 4 - 320　狗尾草

㉑ 大油芒 *Spodiopogon sibiricus* Trin.（图 4 - 321）　大油芒属 *Spodiopogon*

多年生高大草本；叶中脉明显；圆锥花序，顶生；小穗成对着生，一穗有柄，一穗无柄，全为两性花；芒膝曲，下部扭转。

㉒ 黄背草 *Themeda japonica*（Willd.）C. Tanaka（图 4 - 322）菅草属 *Themeda*

多年生草本；秆粗壮；叶鞘紧裹茎秆，具硬疣毛；假圆锥花序，较狭,由具佛焰苞的总状花序组成;芒长 5 ~ 6 cm,1 ~ 2 回膝曲。

图 4 -321　大油芒

图 4 -322　黄背草

(8) 百合亚纲

(8 -1) 百合科(Liliaceae)

① 小根蒜(薤白)*Allium macrostemon* Bunge(图 4 -323)　葱属 *Allium*

多年生草本。鳞茎近球形;叶中空;伞形花序,半球形至球形; 花多而密集,粉红色;具珠芽,暗红色;蒴果近球形。

② 山韭 *Allium senescens* L.(图 4 -324)　葱属

多年生草本;鳞茎圆锥形,数枚聚生;叶线形,肥厚;总苞宿存; 伞形花序,半球形至球形;花粉红色;蒴果近球形。

③ 茖葱 *Allium victorialis* L.(图 4 -325)　葱属

多年生草本;鳞茎近圆柱形;叶常 2 枚,披针状椭圆形至椭圆 形;总苞 2 裂,宿存;伞形花序球形,花白色;蒴果近球形。

④ 知母 *Anemarrhena asphodeloides* Bunge(图 4 -326)　知母属 *Anemarrhena*

多年生草本;根状茎横生,粗壮;叶基生;线形;总状花序;花 2 ~ 3 朵簇生,淡紫红色;花被片线形,宿存;蒴果狭椭圆形。

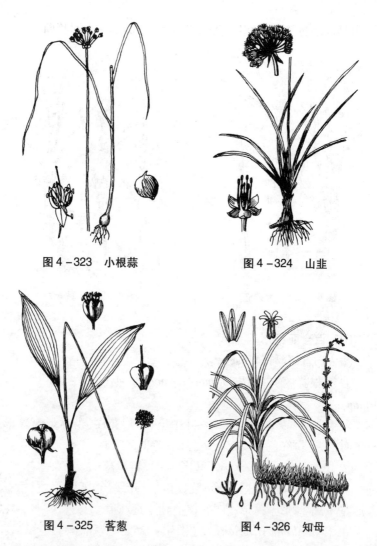

图4-323　小根蒜

图4-324　山韭

图4-325　薤葱

图4-326　知母

⑤龙须菜(雉隐天冬)*Asparagus schoberioides* Kunth(图4-327)天门冬属 *Asparagus*

多年生草本;叶状枝常3~7枚簇生,窄条形,镰刀状;叶鳞片状;雌雄异株;花黄绿色,2~4朵腋生,无柄;浆果,熟时红色。

⑥曲枝天门冬 *Asparagus trichophyllus* Bunge.(图4-328)　天门冬属

多年生草本,茎上部回折状,分枝基部强烈弧曲;叶状枝常5~

8 枚簇生,刚毛状;雌雄异株;花 2 朵腋生,花柄长约 1.5 cm。

图 4-327 雉隐天冬　　　　　图 4-328 曲枝天冬

⑦ 铃兰 Convallaria majalis L. (图 4-329) 铃兰属 Convallaria

多年生草本;叶常 2 枚,具长柄,下部成鞘状;花葶稍弯,总状花序偏向一侧,花白色,钟状,花被 6 裂;浆果红色。

⑧ 小黄花菜 Hemerocallis minor Mill. (图 4-330) 萱草属 Hemerocallis

多年生草本;叶基生,线性;花莛顶端具 1~3 朵花;花被片 6,淡

图 4-329 铃兰　　　　　图 4-330 小黄花菜

黄色,花被管常小于3 cm;蒴果椭圆形。

⑨ 有斑百合 *Lilium concolo* Salisb. var. *pulchellum*（Fisch.）Regel.（图4-331） 百合属 *Lilium*

多年生草本;鳞茎卵球形;叶互生,线状披针形;花顶生,常具2~3朵花,花被片不反卷,红色或橘红色,具紫色斑点,蒴果长圆形。

⑩ 山丹(细叶百合)*Lilium pumilum* DC.（图4-332） 百合属 *Lilium*

多年生草本;鳞茎卵形或圆锥形;茎直立;叶线形;花1~数朵,鲜红色,下垂,花被片6,反卷;蒴果长圆形。

图4-331 有斑百合   图4-332 山丹

⑪ 舞鹤草 *Maianthemum bifolium*（L.）F. W. Schmidt.（图4-333） 舞鹤草属 *Maianthemum*

多年生草本;基生叶1枚,早枯;茎生叶常2枚;总状花序直立;花白色,花柄顶端具关节;浆果球形,熟时红色。

⑫ 北重楼 *Paris verticillata* M. Bieb.（图4-334） 重楼属 *Paris*

多年生草本;茎单1;叶5~8枚轮生于茎顶;顶生1花,外轮花被片绿色,叶状,内轮线形,雄蕊8;蒴果浆果状。

⑬ 玉竹 *Polygonatum odoratum*（Mill.）Druce（图4-335） 黄精属 *Polygonatum*

多年生草本;茎直立,叶2列互生,叶脉平行;花腋生,具1~4

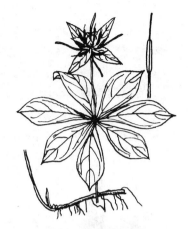

图4-333　二叶舞鹤草

图4-334　北重楼

花,花白色至黄绿色;花被6裂;浆果,熟时蓝黑色。

⑭ 黄精 *Polygonatum sibiricum* Delar. ex Red.(图4-336)　黄精属

多年生草本;具根茎;茎直立;叶4~6枚轮生,先端钩状卷曲;花序腋生,伞形状;花乳白色至淡黄色;浆果熟时黑色。

图4-335　玉竹

图4-336　黄精

⑮ 绵枣儿 *Scilla scilloides*（Lindl.）Druce　绵枣儿属 *Scilla*

多年生草本;鳞茎卵球形;基生叶2~5,狭带状;总状花序顶生;花粉红色至紫红色;蒴果三棱状倒卵形。

⑯ 鹿药 Smilacina japonica A. Gray(图4-337) 鹿药属 Smilacina

多年生草本;根状茎横走;茎生叶4~9枚,卵圆形;圆锤花序顶生,具多数花,花白色;浆果红色,球形。

⑰ 黄花油点草 Tricyrtis maculate（D. Don）Machride（图4-338） 油点草属 Tricyrtis

多年生草本;叶互生,卵圆形,叶基抱茎;聚伞花序顶生或生上部叶腋;花被片6,黄绿色,具紫褐色斑点。

图4-337 鹿药

图4-338 黄花油点草

⑱ 藜芦 Veratrum nigrum L.（图4-339） 藜芦属 Veratrum

多年生草本;植株粗壮;叶近椭圆形;圆锥花序,密生黑紫色花;花被片6,离生,宿存;蒴果卵状三角形,成熟时3裂。

（8-2）薯蓣科（Dioscoreaceae）

穿龙薯蓣 Dioscorea nipponica Makino（图4-340） 薯蓣属 Dioscorea

多年生缠绕草本;叶掌状3~7浅裂,叶基心形;雌雄异株,雄花序穗状;雌花序单生叶腋;花小,黄绿色;蒴果具3翅。

（8-3）鸢尾科

野鸢尾 Iris dichotoma Pall.（图4-341） 鸢尾属 Iris

多年生草本;叶蓝绿色,排为2列,基部套摺,叶片褶合成弯刀

图 4-339　藜芦

图 4-340　穿龙薯蓣

形;花白色,具紫褐色斑点,柱头花瓣状,蒴果。

(8-4) 兰科(Orchidaceae)

① 小花火烧兰 *Epipactis helleborine* (L.) Crantz. (图 4-342)

火烧兰属 *Epipactis*

多年生草本;茎直立;叶互生,卵形或阔卵形,先端短尖,全缘,抱茎,脉平行。穗状花序顶生;花黄绿色;花被 2 轮,外轮背片兜状;

图 4-341　野鸢尾

图 4-342　小花火烧兰

唇瓣短,兜状,无距;蕊柱短。

②手参 *Gymnadenia conopsea*（L.）R. Br.（图4－343） 手参属 *Gymnadenia*

多年生草本;块茎肉质,下部掌状分裂;茎直立,基部具2~3枚筒状鞘,其上具4~5枚叶,叶片线状披针形;总状花序具多数密生的花,花粉红色。

③二叶兜被兰 *Neottianthe cucullata*（L.）Schltr.（图4－344）兜被兰属 *Neottianthe*

多年生草本;块根近球形;茎直立,基生叶2枚;总状花序顶生,常偏向一侧;花多数,紫红色,萼片和花瓣联合成盔状。

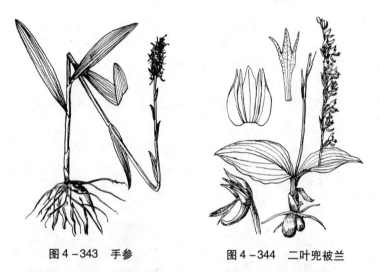

图4－343 手参　　　　图4－344 二叶兜被兰

④二叶舌唇兰 *Platanthera chlorantha* Cust. ex Reichb（图4－345） 舌唇兰属 *Platanthera*

多年生草本;块茎卵形;茎直立;基生叶2枚,具叶鞘;总状花序顶生,花多数,白色,距弧曲而成镰刀状。

⑤绶草 *Spiranthes sinensis*（Pers.）Ames.（图4－346） 绶草属 *Spiranthes*

多年生草本;根肉质,白色;茎直立,叶片披针形;花小,淡红色,排成螺旋状旋转的穗状花序。

图4-345 二叶舌唇兰

图4-346 绶草

5 植物生态考察

植物生态实习就是在野外自然生长状态下,观察、分析植物的形态结构、生长发育、地理分布等与环境的关系,实地学习有关生态学研究的野外调查、实验以及有关数据的调查采集和分析处理方法。通过实习,掌握基本的植物生态学野外调查方法和分析技术,并应用这些方法和技术完成相关调查报告或论文。

5.1 基本生态因子的调查

在植物生态野外实习或调查过程中,必须对所要调查的植物个体、种群或群落周围的生态环境条件进行详细调查和记录,其目的是为了更好地研究环境与植物或植物群落的关系。

5.1.1 地形因子的测定

1. 海拔(elevation)的测定

(1)用 GPS 定位导航仪测定:GPS(global positioning system)意为全球定位系统。该系统可以在全球范围内全天候地为地面目标提供信息,从而确定该目标在地面上的精确位置、速度、运行方面等参数,在 GPS 定位导航仪屏幕上可以直接读得经度、纬度和海拔高度。GPS 定位导航仪因天气、云层、上层植被的影响会有误差,误差值也可以直接读得。有关 GPS 定位导航仪的校正请参看说明书。

(2)用海拔仪测定:在使用海拔仪之前,必须在已知的海拔地点校正海拔仪的准确测高,然后才能使用海拔仪。海拔仪中外圈的数字(0~999)表示海拔高度 0~999 m,而 900 数字下方的椭圆形中的数字表示 km。如果椭圆形的指针在 0 和 1 之间，长指针所指的外圈数字就是当地的海拔高度;如果椭圆形的指针在 1 和 2 之间，当地的海拔高度则是 1 000 加上长指针所指的外圈数字。例如，椭圆形的指针在 1 和 2 之间，而长指针所指的外圈数字为 610，那么当地的海拔高度就是 1 610 m;如果椭圆形的指针在 2 和 3 之间，当地的海拔高度则是 2 000 加上长指针所指的外圈数字;依此类推。由于海拔仪的工作受气压影响很大，所以晴天和阴天所测海拔略有差异，应给予必要的校正。

2. 坡向(aspect)的测定

一般用罗盘仪可对所在地的坡向进行测定。站在坡面上，面对整个坡下，手持罗盘仪，使之保持水平状态，并使罗盘仪与自己的身体呈垂直状态，然后从罗盘仪上读数。有黑色的或缠有紫色铜丝的指针(S 极)指的是南，而另一指针(N 极)指的是北。罗盘仪中有 0~360°的刻度，认真思考指针和刻度之间的关系，就不难看出自己脚下坡面的坡向。例如，S 极所指数字为 235°，N 极所指数字为 45°，那么坡向应该是北偏东 45°。又例如，S 极所指数字为 130°，N 极所指数字为 310°，那么坡向应该是西偏北 40°。

3. 坡度(slope)的测定

用罗盘仪可对所在地的坡度进行测定。站在坡面上，面对整个坡下，将罗盘仪竖起，使罗盘仪中底部的半圈数字向下，让罗盘仪有镜的一方向外，并使罗盘仪的上部平面与坡面呈平行状态，右手扳动罗盘仪背部的杠杆，使得罗盘仪中长型水平管中气泡居中，此时长型水平管下方的指针所指示的数字便是该坡面的坡度。

有经验的研究者也可以目测坡度。

4. 坡位(slope position)

坡位就是调查地处在从山脚到山顶的哪个位置，一般分为山顶、上坡位、中坡位、下坡位和坡底，可以直接记录。

5.1.2 气候因子和大气因子的测定

光照强度可以用照度计测得。大气温度和相对湿度可以分别用温度计和湿度计测得，也可以用温湿度计测量，还可以用温湿度自动记录仪记录。风速可以用风速仪测量,风速仪还可测量风温、风量等指标。这些测量仪器都是小型电子设备,方便携带使用。另外,这些指标也可以通过建立野外小型气象站而测定。

CO_2 浓度可以用 CO_2 浓度测定仪测定。

大尺度研究中,气候数据可以用附近气象台(站)的数据,包括降水量、相对湿度、温度、日照时数、太阳光辐射量、蒸发量、风速等。这些指标可以有年均值、月均值、日值等,根据研究的需要而选取。有些指标还可以细分为多个指标,比如温度在一年内可分为年均温、最热月均温、最冷月均温、极端最高温、极端最低温等。

5.1.3 土壤因子的测定

土壤剖面(soil profile)是从地表垂直向下直到变化较小的母质(或基岩)为止的土壤纵截面。土壤发生发展过程中形成了一定的层次,在野外以其颜色、质地、结构及松紧度、新生体等区分层次。典型剖面可分为三层:最上层为表土层(A层),一般富含腐殖质,较为疏松,为有机质积聚层和物质淋溶层;第二层为心土层(B层)或淀积层,质地比较黏紧,为淋溶物质淀积层;第三层为底土层(C层),大多是成土母质。各层又可分若干亚层。剖面的特征反映了土壤的形成过程和性质。观察土壤剖面,可大体了解土壤性状、结构和层次特征。土壤剖面可以用铁锹挖成进行观察,也可借助修路等形成的剖面进行观察。

土壤深度用不锈钢土壤测深仪测定,用力将测深仪逐渐压入土壤,直到母质层压不动时为止。土壤深度可以直接读数。

枯落物厚度可以用直尺或钢尺直接测定。

土壤含水量可以用土壤水分测定计测定,先挖开土壤,再将测定器插入到一定的深度埋妥,等待片刻,可以直接读数。

土壤温度用土壤温度计直接测定。

土壤 pH 可以用数字式 pH 测试计或酸碱度计测定,一般用土壤与蒸馏水比例为 1:2.5 的土壤溶液进行测量,pH 测量范围在 0.00~14.00 之间。

土壤营养成分:在野外可以用便携式土壤分析仪测定,如 YN－

4000型便携式土壤分析仪,可测土壤中的氮、磷、钾、有机质的含量,也可测得各种元素如硼、锰、铁、铜、钙、镁、硫、氯、硅、锌等,还可测土壤pH、土壤水分(用水分传感器测)等。

5.1.4 生物因子和人为因子的测定

生物因子不是所有的研究都要测定,而是根据研究需要来考虑,比如研究对象是林下的草本植物,那么就要记录其上层的乔木和灌木的种类、盖度、离树的距离等,因为这些因子对草本植物生长有较大的影响。如果要研究昆虫对某种植物传粉的作用,就要观察记录来访问该植物花的昆虫种类、数量、访问时间、访问次数等。

人为因子主要考虑研究地周围有没有明显的人类活动迹象,如人工砍伐、土地开垦、旅游、放牧等。如果有明显的迹象,要详细记录。人为因子对植物和植物群落的影响更大。

5.2 植物个体生态观察

自然界中光、水、土壤、温度、空气等环境因子随着地理场所、海拔高度和空间位置的连续变化,可形成一定的环境梯度,这种生态条件在空间梯度的变化导致植物种类的分布和生长状况出现相应的连续变化,从而清楚地反映出环境因子对植物的生态效应。通过不同生态环境下的植物个体生态观察,可以熟悉生态观察的意义和观察方法,巩固课堂所学的植物与环境的基本知识,特别是了解与掌握各种生态类型的主要特征。

5.2.1 植物分布与环境关系观察

植物分布与环境关系观察一般采用路线观察,就是沿着一定的路线较快地前行,沿途观察环境的变化和植物种类的变化,从而分析植物分布与环境的关系。比如,我们在去实习基地(北京小龙门林场)的路上,途径环境变化很大,有河流河滩、水库湖泊,也有山地丘陵、沟谷盆地,有悬崖陡壁、也有缓坡平地,有农田果园,还有养殖基地等。行程120多公里,海拔变化1 100多米,沿途植物种类变化非常明显。通过路线观察记录,就可以分析植物分布与环境的关系。

5.2.2 生态序列观察

生态序列观察就是沿生态因子梯度变化序列观察植物的变化。首先要选择好典型的地点,应当尽量选择某一种或几种生态因子有逐渐变化的地区作为观察地点。

(1) 水分序列观察

植物对水分条件生态反应的观察可以选择湖泊或河流沿岸地带、小溪、沟谷地段进行观察,这些地段有明显的水体,并且水体以上的地下水位由岸边向陆上高地逐渐降低,且呈连续变化,导致土壤水分及其理化性质逐渐变化,相应地可以观察到植物由水生植物(沉水植物、浮水植物、挺水植物)逐渐演变为湿生植物、中生植物、旱中生植物的生态系列。分别观察记录这些植物的特点,比如植株高度、叶片数量、叶片大小、叶片厚度以及叶柄长度,茎的直径、基部面积,花的数量与大小等,也可以比较它们的解剖结构,比如茎和叶柄的通气组织等。

(2) 光照序列观察

阳光是一切生命活动赖以生存的能量来源,根据植物对光生态反应的不同,通常把植物分为阴生植物、耐阴植物和阳生植物三大类型。阴生植物一般生活在光照弱的密林之下,阳生植物一般生活在光照强的空旷地方,而耐阴植物可以在不同的光照条件下生活。在林下和空旷的地方选择典型的阴生植物和阳生植物,观察记录它们的生长状态,尤其是叶的特点,阴生植物的形态接近于湿生植物,阳生植物的形态接近于旱生植物,耐阴植物形态介于上述两类植物之间。

(3) 土壤序列观察

土壤是植物生活的基质,对植物生长非常重要。不同的土壤类型因其土层厚度、质地、机械组成、水热条件、理化性质(如 pH,有机物质、N、P、K 的含量等)有显著的差异,生长其上的植物种类、组成以及形态结构也各不相同。选择典型的山地褐土、棕色森林土、山地草甸土和沼泽土,分别观察记录这些土壤上生长的植物种类和它们的形态特点,以及它们的群落类型和组成。东灵山地区这几种土壤的特点见表 5 - 1。

表5-1 东灵山几种土壤的主要特点

土壤类型	主要特点	分布	东灵山地区分布
山地褐土	腐殖质层以下具褐色黏化层,风化度低,二氧化硅与氧化铝的比值3.0~3.5,含有较多水化云母和蛭石等黏土矿物,石灰聚积以假菌丝形状出现在黏化层之下,土壤呈微碱性反应	中国暖温带东部半湿润、半干旱地区,形成于中生夏绿林下	海拔1 000 m以下的低山灌丛和疏林之下
棕色森林土	在腐殖质层以下具棕色的淀积黏化层,土壤矿物风化度不高,二氧化硅和氧化铝的比值3.0左右,黏土矿物以水云母和蒙脱石为主,并有少量高岭石和蒙脱石,盐基接近饱和,土壤呈中性至微酸性反应	暖温带地区,为夏绿阔叶林或针阔混交林下发育而成	主要分布于落叶阔叶林之下
山地草甸土	土层较薄,但有机质和腐殖质含量比较丰富,土壤颜色较深,这类土壤肥力较高,养分也较丰,水分供应良好,土壤呈弱酸性反应	为隐域土壤类型,分布于山体顶部,因雨量大温度低,在草甸植被覆盖下发育而成	东灵山1 800 m以上的山地草甸均分布区
沼泽土	有较厚的腐殖质层或泥炭层,因土壤长期处于还原状态,产生了明显的潜育层,形成充分分解的蓝灰色潜育层。在表层有机质层或泥炭层与底层蓝灰色潜育层间,尚可见大量锈斑或灰斑的土层。沼泽土中有机质含量高,分解不充分	为隐域土壤类型,在长期积水或过湿情况下形成	沟底小溪附近

（4）地形因子序列观察

地形因子是间接生态因子,其变化可以导致直接生态因子的变化,从而影响植物生长和分布。地形因子的变化一般可以引起多个因子的变化,比如坡向的变化可以引起光照、温度和水分的变化,海拔的变化可以引起温度、水分、土壤、降水、风等的变化。在野外观察时,选择不同坡向的地段,如阴坡、阳坡、半阴坡等不同坡向的山坡,一般在一条山谷的两侧,坡向相反,正好观察记录它们植物种类组成的变化,阴坡和阳坡的植物种类组成、植物群落结构往往有很大的差别。也可以选择一个小山丘,绕行一周考察不同坡向对植物种类组成、植物生长状况的影响。对于不同海拔的观察,可以沿一山坡由下而上进行路线调查,一般海拔每升高 100 m 植物种类都有明显的变化,选取不同的海拔进行观察记录。海拔序列的观察也可以与后面的植被垂直带观察相结合。

5.2.3 同种植物不同生境的观察

有的植物对环境因子的耐性(tolerance)或适应(adaptation)范围比较广,可以在多种生境中生存,但在不同的生境条件下,所表现的特征有差异。比如世界广布种芦苇(*Phragmites communis*),可以在湿地、中湿土壤、干旱半干旱地、盐碱地等生长发育,但其形态结构有很大差异。选择不同生境条件,比如林下与空旷地区、阴坡与阳坡、湿生与中生地、不同海拔地区等,观察记录同种植物个体的特征,比如植株高度、叶片数量、叶片大小、叶片厚度以及叶柄长度,茎的直径、基部面积,花的数量与大小等,分析植物个体与环境的关系。

5.3 植物种群生态调查与分析

植物种群不只是某一种植物个体的简单总和,而是具有一定特征、结构和机能的总体。它具体表现在种群数量增长与种群动态、年龄结构、空间分布格局以及种内种间竞争等许多方面,这些方面实际上正是物种适应周围环境条件的具体反映。

5.3.1 植物种群年龄结构

不同年龄的个体在种群内的分布情况,是植物种群的重要特征之一。种群中不同年龄的个体数,组成了种群的年龄结构,年龄结构越复杂,种群的适应能力就越强,可见年龄组成对于种群动态发展非常重要,可用来预测种群的发展趋势。通常把植物种群结构分为三种类型:增长型种群(increasing population),表示种群中有大量幼体和极少数的老年个体,其繁殖率大于死亡率,是一个迅速增长的种群;稳定型种群(stable population),表示种群繁殖率与死亡率大致相平衡,种群稳定;衰退型种群(declining population),则显示种群中幼体比例减少而老年个体比例增大,种群个体数量趋于下降。

(1)数据调查

调查时可以根据研究植物的不同设置大小不同的样方,乔木种群样方要大,设 50 m × 50 m 的样方 1 个或设 5 ~ 10 个 10 m × 10 m 或 20 m × 20 m 样方;灌木种群样方中等大,设 20 m × 20 m 的样方 1 个或设 5 ~ 10 个 5 m × 5 m 或 10 m × 10 m 的样方;草本植物种群样方较小,10 m × 10 m 的样方 1 个或设 5 ~ 10 个 1 m × 1 m 或 2 m × 2 m 的样方。在样方中分别调查所研究植物种群每株的年龄,并统计各龄级的株数,将结果汇总填入表 5 - 2 中。

表 5 - 2　植物种群年龄结构调查统计表

种群名称:

样方号:　　　　　　研究地名:　　　　　　时间:

植株序号	年龄	龄级

乔木的年龄采用计数伐根年轮或用生长锥取出木芯计数年轮法求得,也有用胸径大小估计年龄的。灌木的年龄用茎节和芽鳞痕

判断,也有用基径或高度估计年龄的。草本植物的年龄要用地下根茎来判断。

(2)数据分析

调查得到的年龄数据根据植物生长速度的快慢分为不同的龄级,速生树种可用2年或3年为一龄级,一般树种用5年或10年为龄级单位。灌木种一般用1~2年为一龄级,草本植物则是1年为一龄级。

对调查数据进行统计、比较和分析,并绘出年龄结构图,根据图的特征判断种群结构和发展趋势。一般来说,当生殖期植株数占优势,种群就趋于稳定;当幼苗和营养生长株数占多数,则种群为增长型;而当自然枯死株数占多数,则该种群为衰退型。图5-1为小龙门地区华北落叶松种群年龄结构。

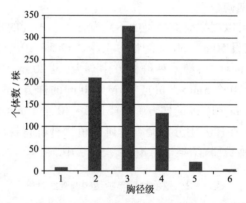

图5-1 小龙门地区华北落叶松种群年龄结构

5.3.2 植物种群生命表与生存曲线

种群生命表(life table)是描述植物生长与死亡过程的工具,它能综合判断种群数量变化,也能反映出从出生到死亡的动态关系。生命表根据研究者获取数据的方式不同而分为两类:动态生命表(dynamic life table)和静态生命表(static life table)。前者是根据观察一群同时出生的植物的存活或死亡的动态过程所获得的数据编制而成,又称同龄群生命表(homochronous life table)、水平生命表(horizontal life table)或称特定年龄生命表(age-specific life table),

这种生命表研究需要较长的时间,不适合野外实习。后者是根据某个种群在某一特定时间内的年龄结构而编制的。它又称为特定时间生命表(time-specific life table),或垂直生命表(vertical life table)。我们在野外实习中可以编制这种生命表。

生存曲线是以平均寿命的百分比表示年龄 x,作横坐标,存活数 L_x 的对数作纵坐标,画成存活曲线图。存活曲线有三种基本类型:①Ⅰ型:曲线凸型,表示在接近生理寿命前种群内只有少数个体死亡。②Ⅱ型:曲线对角线型,种群个体各年龄段死亡率相等;③Ⅲ型:曲线凹型,幼年期死亡率很高,随后死亡率降低。

(1)数据调查

数据调查方法与过程同植物种群年龄结构的调查。

(2)数据分析

龄级的划分同前,可以直接用表 5-2 的数据。表 5-3 中 x 为年龄级;n_x 为 x 期开始时的存活数;l_x 为 x 期开始时的存活率,即 $l_x = n_x/n_0$;d_x 为从 x 到 $x+1$ 的死亡数,$d_x = n_x - n_{x+1}$;q_x 为从 x 到 $x+1$ 的死亡率,即 $q_x = d_x/n_x$;L_x 是从 x 到 $x+1$ 期的平均存活数,即 $L_x = (n_x + n_{x+1})/2$;T_x 是进入 x 龄期的全部个体在进入 x 期以后的存活个体总年数,即 $T_x = \sum L_x$;e_x 为 x 期开始时的生命期望或平均余年,即 $e_x = T_x/n_x$;K_x 为消失率,即 $K_x = \ln l_x - \ln l_{x+1}$。

在完成计算分析后,表 5-3 就是所研究植物种群的静态生命表,从中可以分析种群的生存与死亡过程。也可以 x 为横坐标,存活数 L_x 的对数为纵坐标绘制生存曲线图。

表 5-4 为庞泉沟自然保护区华北落叶松种群静态生命表。

表 5-3　静态生命表的编制

年龄级 x	存活数 n_x	存活率 l_x	死亡数 d_x	死亡率 q_x	L_x	T_x	e_x	K_x
1								
2								
3								
...								

表5-4 庞泉沟自然保护区华北落叶松种群静态生命表

龄级 Age grade	径级距 DBH class	n_x	n_x'	l_x	$\ln l_x$	d_x	q_x	L_x	T_x	e_x	K_x
1	0~5	116	278	1 000	6.908	84	0.084	958	5 968	5.968	0.088
2	5~10	115	255	916	6.820	84	0.092	874	5 011	5.471	0.096
3	10~15	121	231	832	6.724	84	0.101	790	4 137	4.973	0.107
4	15~20	97	208	748	6.617	84	0.112	706	3 347	4.476	0.119
5	20~25	145	185	664	6.498	84	0.127	622	2 641	3.980	0.135
6	25~30	231	161	580	6.362	84	0.145	538	2 020	3.485	0.157
7	30~35	279	138	495	6.205	84	0.170	453	1 482	2.991	0.186
8	35~40	279	114	411	6.019	84	0.204	369	1 029	2.501	0.229
9	40~45	220	91	327	5.791	84	0.257	285	659	2.015	0.297
10	45~50	126	68	243	5.494	84	0.346	201	374	1.538	0.424
11	50~55	45	44	159	5.070	105	0.661	107	173	1.087	1.082
12	55~60	15	15	54	3.987	40	0.733	34	66	1.233	1.322
13	60~65	5	4	14	2.665	4	0.250	13	32	2.250	0.288
14	65~70	3	3	11	2.378	4	0.333	9	20	1.833	0.405
15	70~75	0	2	7	1.972	4	0.500	5	11	1.500	0.693
16	75~80	0	1	4	1.279	0	0.000	4	5	1.500	0.000
17	80~85	1	1	4	1.279	—	—	2	2	0.500	1.279

n_x':匀滑后存活数

5.3.3 植物种群分布格局判定

一个植物种在空间的分布有随机分布(random distribution)和非随机分布(non-random distribution)。非随机分布包括集群分布(contagious distribution)和均匀分布(regular distribution)。随机分布是植物个体出现在系统中任何位置的概率是相等的;集群分布是个体成群分布;均匀分布是指个体间的距离是一致的分布,也叫做规则分布。自然界中集群分布最为常见,随机分布也有,均匀分布一般只见于人工生态系统,比如人工林等。

1. 数据调查

调查采用样方调查法,根据研究植物的不同设置大小不同的样方,乔木种群样方 5 m × 5 m,灌木种群样方 2 m × 2 m,草本植物种群样方 0.5 m × 0.5 m。样方较小但样方的数量比较多,要求取样范围能够覆盖所研究种群在研究地的主要分布区。取样方法一般采用随机取样。在每个样方中分别调查记录所研究植物种群的个体数,个体数可以是株数、丛数等。调查结果可以汇总在不同个体数的频率表中(表 5-5)。

表 5-5　种群不同个体数的频率表

种群名称:

个体数	频数(样方数)

2. 数据分析

这里介绍两种主要的格局检验方法,它们都是通过检验观测值对波阿松(Poisson)分布的偏离程度来实现的。波阿松分布假定个体分布是随机的。所以我们假设某个种的分布符合波阿松分布。

通过分析检验,如果这一假设成立,则个体分布是随机的;如果假设被推翻,则是非随机的——集群分布或均匀分布。格局分布类型的检验都是以不同个体数的样方频率(表 5-6)为基础进行分析。

(1) 方差均值比

假定以 V 代表方差(variance),$\bar{X}$ 代表平均值,方差/均值比为 $V/\bar{X}$。该比值的含义是,如果 $V/\bar{X}=1$,则个体分布符合波阿松分布,是随机分布;如果 $V/\bar{X}>1$,则个体分布趋向于集群分布;若 $V/\bar{X}<1$,则趋向于均匀分布。该值的显著性可以用 t 检验。方差/均值比可以直接计算: $V=\dfrac{\sum x^2-\frac{(\sum X)^2}{N}}{N-1}$,$\bar{X}=\dfrac{\sum X}{N}$。这里 X 为每个样方的观测值,就是个体数量,N 为样方的数量。$t=\dfrac{\frac{V}{\bar{X}}-1}{S}$,其中 S 是标准误差,$S=\sqrt{\dfrac{2}{N-1}}$。

(2) χ^2 检验

χ^2 检验是一种常用的方法,它是通过检验不同个体样方频率的观测值和波阿松分布的预测值之间的差异性来实现的。即

$$\chi^2=\sum\frac{(观测值-预测值)^2}{预测值}$$

$$自由度=组数-2$$

式中观测值指的是不同个体数出现频率的实测值,即表 5-6 中的第二列数据。预测值用普通的方法求得,即:

样方中的个体数	0	1	2	3	4	...
频率预测值	Ne^{-m}	Nme^{-m}	$N\dfrac{m^2}{2!}e^{-m}$	$N\dfrac{m^3}{3!}e^{-m}$	$N\dfrac{m^4}{4!}e^{-m}$	...

$N\dfrac{m^4}{4!}e^{-m}$ 是具有 4 个个体的样方数量的预测值。$4!=4\times3\times$

2×1; N 是样方总数; m 为平均值 $(m = \overline{X})$, $e = 2.718\ 3$, e^{-m} 可以计算或查表得到。

由于统计学的原因, 预测值一般应大于 5。很明显个体数较多的样方频率难以满足这一条件。通常的做法是将个体数目较多的样方预测值加起来。

用 χ^2 值和自由度查 χ^2 表, 若计算得到的 $\chi^2 > \chi^2_{0.05}$, 种群就是集群分布, 若 $\chi^2 < \chi^2_{0.05}$, 就是随机分布。

表 5-6 的数据是欧洲一个石楠灌木的调查数据, 共 200 个样方。现在分别用上述两种方法计算分析它的格局。

表 5-6　不同个体数的频率表

种群名称: 石楠

个体数	频数 (样方数)	
0	134	
1	34	
2	12	
3	8	
4	8	
5	0	
6	1	
7	1	
8	1	
9	0	$N = 200$
10	1	$\overline{X} = 0.725$

① 方差均值比

现在用表 5-6 的数据分别计算:

$$V = \frac{(0^2 \times 134 + 1^2 \times 34 + 2^2 \times 12 + \cdots + 10^2 \times 1)}{200 - 1} -$$

$$\frac{(0 \times 134 + 1 \times 34 + 2 \times 12 + \cdots + 10 \times 1)^2}{200 - 1} = 2.140\ 1;$$

$$\overline{X} = \frac{0 \times 134 + 1 \times 34 + 2 \times 12 + \cdots + 10 \times 1}{200} = 0.725;$$

$$S = \sqrt{\frac{2}{(200-1)}} = 0.1003;$$

$$V/\overline{X} = 2.1401/0.725 = 2.9518;$$

$$t = (2.9518 - 1)/0.1003 = 19.46^{***}(自由度 = 199);$$

结果说明所研究的石楠非常显著地偏离波阿松分布,其个体呈集群分布。

②χ^2 检验

用表 5 – 6 的数据计算,$m = 0.725$,$e^{-m} = 0.4843$。

个体数	样方频率预测值	观测值	χ^2
0	$200e^{-m} = 96.866$	134	14.24
1	$200me^{-m} = 72.228$	34	18.69
2	$\dfrac{200m^2 e^{-m}}{2!} = 25.458$	12	11.11
3	$\dfrac{200m^3 e^{-m}}{3!} = 6.152$ ⎫ 11.448	20	21.15
>3	1.296 ⎭		
合计	200	200	61.19

因为个体数大于 3 的样方观测值之和(1.296)小于 5,所以将其与个体数为 3 的预测值合并,我们共计算了 4 个组,自由度 = 4 – 2 = 2,则 $\chi^2 = 61.19^{***}$,说明所研究的石楠个体是集群分布。

5.3.4 植物种群格局的连续样方分析

集群分布的植物种一般由斑块(patch)和斑块间隙(gap)所组成,对一个种群来讲,它可以有不同大小的斑块,因而就有不同的格局。连续样方格局分析过程就是用数学方法确定格局的大小,其分析结果一般用格局分析图表示。该图的横坐标一般为区组大小,纵坐标可以是均方或方差,用以确定格局。图上峰值所对应的区组代表着格局的大小。

1. 数据调查

对于植物种群格局规的研究,因为要判定斑块和间隙的大小,取样必须使用连续样方。连续样方的取样有两种方法,一是用由小样方组成的网格取样;二是用由连续小样方组成的样带。小样方要适当得小使得小样方内不出现格局为原则。一般乔木种群样方 $(2 \sim 4)\, m \times (2 \sim 4)\, m$,灌木种群样方 $1\, m \times 1\, m$,草本植物种群样方 $(0.1 \sim 0.3)\, m \times (0.1 \sim 0.3)\, m$。在每个样方中调查记录所研究植物种群的密度,也可以用盖度、生物量(干重)等数据。调查数据可以用表 5 – 7 表示。

表 5 – 7　连续小样方密度数据表

种群名称:

小样方序号	密度(个体数)

2. 数据分析

用表 5 – 7 的观测数据,分别对各区组进行方差分析得均方或方差。以区组大小为横坐标,均方或方差为纵坐标作图(区组 – 均方图)。图上曲线的峰值所对应的区组大小代表着种的分布格局。

(1)等级方差分析法(hierarchical analysis of variance,HAOV)

该方法是 Greig-Smith(1952)提出来的,由于起初该方法使用网格法取样,因此也叫做网格法。下面是该方法的分析过程。

假设我们得到一系列连续样方的密度数据,分别记作 $a_1, a_2, \cdots, a_n$(n = 小样方数)。该方法的第一步是对每一区组计算各个元素的

平方,并将其值相加,即:

区组 1　$\sum X_1^2 = a_1^2 + a_2^2 + \cdots + a_n^2$

区组 2　$\sum X_2^2 = (a_1 + a_2)^2 + (a_3 + a_4)^2 + \cdots + (a_{n-1} + a_n)^2$

区组 4　$\sum X_4^2 = (a_1 + a_2 + a_3 + a_4)^2 + (a_5 + a_6 + a_7 + a_8)^2 + \cdots +$

$$(a_{n-3} + a_{n-2} + a_{n-1} + a_n)^2$$

等等,依此类推。

第二步,计算各区组的平方和 SS(sums of squares):

区组 1　$SS_1 = \dfrac{\sum X_1^2}{1} - \dfrac{\sum X_2^2}{2}$

区组 2　$SS_2 = \dfrac{\sum X_2^2}{2} - \dfrac{\sum X_4^2}{4}$

区组 4　$SS_4 = \dfrac{\sum X_4^2}{4} - \dfrac{\sum X_8^2}{8}$

等等,依此类推。

第三步,计算各区组的均方(mean square),它等于各区组的平方和除以各自的自由度,即 $ms = \dfrac{\text{平方和}}{df}$。各区组的自由度($df$)等于相应区组元素数减 1 再减去上面计算已经考虑过的自由度。比如我们有 32 个小样方($n = 32$),各区组的自由度:区组 1,$df = 32 - 1 - 15 = 16$;区组 2,$df = 16 - 1 - 7 = 8$;区组 4,$df = 8 - 1 - 3 = 4$;等等。而最大的区组——区组 32 的自由度为零,不能求其均方,所以区组均方图上最大的区组为 $1/2n$。最后以区组大小为横坐标,各区组的均方为纵坐标就可绘出格局分析图。

(2) 双项轨迹方差法(two-term local variance,TTLV)

该方法是 Hill(1973)提出来的。它消除了 HAOV 的前两个缺点,在研究中得到了广泛的应用,迄今仍是主要的研究方法。它的计算过程如下。

我们仍从一连续样方的数据 $a_1, a_2, \cdots, a_n$ 出发,来说明它的计算,它可以直接求各区组的均方。

区组 1 的均方等于

$\frac{1}{2}(a_1 - a_2)^2, \frac{1}{2}(a_2 - a_3)^2, \frac{1}{2}(a_3 - a_4)^2, \cdots, \frac{1}{2}(a_{n-1} - a_n)^2$ 的平均；

区组 2 的均方等于

$\frac{1}{4}(a_1 + a_2 - a_3 - a_4)^2, \frac{1}{4}(a_2 + a_3 - a_4 - a_5)^2, \frac{1}{4}(a_3 + a_4 - a_5 - a_6)^2, \cdots, \frac{1}{4}(a_{n-3} + a_{n-2} - a_{n-1} - a_n)^2$ 的平均。

区组不必要是 2 的乘方，例如我们可以求区组 5 的均方，它等于

$\frac{1}{10}(a_1 + a_2 + a_3 + a_4 + a_5 - a_6 - a_7 - a_8 - a_9 - a_{10})^2, \frac{1}{10}(a_2 + a_3 + a_4 + a_5 + a_6 - a_7 - a_8 - a_9 - a_{10} - a_{11})^2, \cdots, \frac{1}{10}(a_{n-9} + a_{n-8} + a_{n-7} + a_{n-6} + a_{n-5} - a_{n-4} - a_{n-3} - a_{n-2} - a_{n-1} - a_n)^2$ 的平均。

结果用区组大小和均方绘制格局分析图。这里最大的区组同样是 $1/2n$。

图 5-2 是山西芦芽山油松（*Pinus tabulaeformis*）+ 辽东栎（*Quercus liaotungensis*）林 2 个优势树种油松和辽东栎的格局分析分析图。根据图 5-2，可以得到 2 个优势种的不同格局。油松小斑块的格局是区组 8，即 16 m；大斑块的格局是区组 30，即 60 m。辽东栎小斑块的格局也是区组 8，即 16 m；而大斑块的格局是区组 30～35，即 60～70 m。

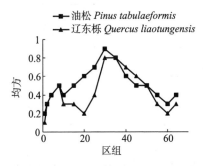

图 5-2　芦芽山油松和辽东栎双项轨迹方差格局分析图

5.3.5 点格局分析

点格局分析法(point pattern analysis)就是能够分析各种尺度的种群格局分析方法,它是以植物种的个体在空间的坐标为基本数据,每个个体都可以视为二维空间的一个点,这样所有个体就组成了在空间分布的点图,以点图为基础进行格局分析,叫做点格局分析。它可以分析各种尺度下的种群格局和种间关系。

1. 数据调查

点格局分析取样要求取一个或数个大样地,面积要适当大,以便使种群的各种格局均能出现。在森林群落格局分析中,样地的边长应在 50 m 以上,因为小于 50 m,大尺度的格局可能被忽略。灌丛群落样地的边长应在 30 m 以上,草地群落样地的边长应在 10 m 以上。在样地中分别记录研究种的所有个体的空间位置坐标,用卷尺测量记录,坐标值可以用距离直接表示,分析时则将其转换为 0 ~ 1之间的值为好。为了获得准确数据,可将样地分成小样方比如森林群落可以分成 10 m × 10 m 的样方,然后再在样方中记录所研究种群个体的位置。根据研究需要,也可以分龄级记录。调查数据可以填入表 5 – 8。

表 5 – 8　不同个体数的频率表

种群名称:

龄级	个体序号	横坐标(x)	纵坐标(y)

2. 数据分析

(1) 种群分布格局分析

由数学知识我们知道,平均数(m)和方差(v^2)是一维数集的一次和二次特性,同理,密度(λ)和协方差(k)是二维数集的一次和二次特征结构。对于点格局,λ 是单位面积内的期望点数,k 是点间距离分布的测定指标,k 随着尺度的变化而变化。Diggle(1983)证明该二次特征结构可以简化为一个函数方程 $K(t)$,其定义为

$K(t) = \lambda^{-1}$(从某一随意点起距离 t 以内的其余期望点数)

这里 t 可以是 >0 的任何值,λ 为单位面积上的平均点数,可以用 n/A 来估计,A 为样地面积,n 为总点数(植物个体数)。在实践中,用下式估计:

$$\hat{K}(t) = \left(\frac{A}{n^2}\right)\sum_{i=1}^{n}\sum_{j=1}^{n}\frac{1}{W_{ij}}It(u_{ij}) \quad (i \neq j)$$

式中,u_{ij} 为两个点 i 和 j 之间的距离,当 $u_{ij} \leqslant t$ 时,$I_t(u_{ij}) = 1$,当 $u_{ij} > t$ 时,$I_t(u_{ij}) = 0$;W_{ij} 为以点 i 为圆心,u_{ij} 为半径的圆周长在面积 A 中的比例,其为一个点(植株)可被观察到的概率,这里为权重是为了消除边界效应(edge effect),实际上 $\hat{K}(t)/\pi$ 平方根在表现格局关系时更有用,因为在随机分布下,其可使方差保持稳定,同时它与 t 有线性关系,我们用 $H_{(t)}$ 表示 $\hat{K}(t)/\pi$,$H(t) = \sqrt{\hat{K}(t)/\pi}$。将 $H_{(t)}$ 的值减去 t,得到 $\hat{H}(t)$ 的值:$\hat{H}(t) = \sqrt{\hat{K}(t)/\pi} - t$。在随机分布下,$\hat{H}(t)$ 在所有的尺度 t 下均应等于 0,若 $\hat{H}(t) > 0$,则在尺度 t 下种群为集群分布,若 $\hat{H}(t) < 0$,则为均匀分布。

用 Monte-Carlo 拟合检验计算上下包迹线(envelopes),即置信区间。假定种群是随机分布,则用随机模型拟合一组点的坐标值,对每一 t 值,计算 $\hat{H}(t)$;同样用随机模型再拟合新一组点坐标值,分别计算不同尺度 t 的 $\hat{H}(t)$。这一过程重复进行直到达到事先确定的次数,$\hat{H}(t)$ 的最大值和最小值分别为上下包迹线的坐标值。拟合次数对 95% 的置信水平应为 20 次,99% 的置信水平就为 100 次。

用 t 作为横坐标,上下包迹线作为纵坐标绘图,置信区间一目了然。计算得到的不同尺度下的 $\hat{H}(t)$ 值若在包迹线以内,则符合随机分布;若大于上包迹线为集群分布,小于下包迹线为均匀分布。对于随机模型,落在包迹线以外所对应的值是格局大小的估计。

（2）种间关系分析

我们分析两个种的关系实际上是两个种的点格局分析,上面我们介绍的单种格局分析可以认为是某个特定种个体间的关系研究,因此对第一个种 $K_{(t)}$ 可以写成 $K_{11(t)}$,对第二个种可以写成 $K_{22(t)}$ 。现在我们要考虑两个种的个体在距离(尺度) t 内的数目,就是要求 $K_{12(t)}$,其定义和计算原理与单种格局相近。$K_{12(t)}$ 可以用下式估计:

$$\hat{K}_{12}(t) = \frac{A}{n_1 n_2} \sum_{i=1}^{n_1} \sum_{j=1}^{n_2} \frac{1}{W_{ij}} It(u_{ij})$$

这里 n_1 和 n_2 分别为种1和种2的个体数(点数),A、$I_t(u_{ij})$ 和 W_{ij} 含义同前文,不同的是 i 和 j 分别代表种群1和种群2的个体,同样计算:

$$\hat{H}_{12}(t) = \sqrt{\hat{K}_{12}(t)/\pi} - t$$

当 $\hat{H}_{12}(t) = 0$ 表明两个种在 t 尺度下无关联性,当 $\hat{H}_{12}(t) > 0$ 表明二者为正关联,当 $\hat{H}_{12}(t) < 0$ 表明二者为负相关。

图5-3是东灵山地区核桃楸林优势种核桃楸的点格局分析以及两个优势种核桃楸与棘皮桦的关系分析。

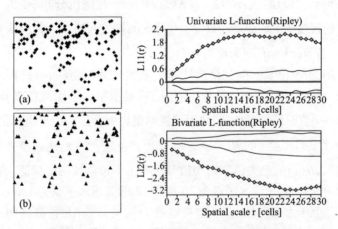

图5-3 东灵山地区核桃楸林优势种点格局分析

左为核桃楸(a)和棘皮桦(b)在 50 m×50 m 样方中的分布点图;右上图为核桃楸的点格局分析图;右下图为核桃楸与棘皮桦两树种的关系分析

5.3.6 植物种内和种间的竞争

植物种内和种间的竞争是普遍存在的现象。植物个体固着生长的特点决定了植物间的竞争不是种群内或种间所有个体的资源争夺,而是和它的邻近个体的相互作用。20世纪60年代以来,很多学者为了更准确地预测林木生长,相继提出了许多描述林木间竞争强度的数量指标,形成了用竞争指数来描述种间及种内竞争关系。这一方法在林木竞争研究中用得较多。

1. 数据调查

在确定了研究对象后,先选择标准样地,其应该是林木分布较为均匀、代表性比较强的森林地段。在样地内分别选择不同径级的树木为对象木(objective tree),对象木的数量为每树种15株~30株,各对象木之间距离应在20 m以上,对象木的选取可以采用随机抽样的方法。进行每木尺检,测定对象木的胸径及树高。然后,以对象木为中心,测量半径10 m以内的所有成树(DBH>4)的胸径及树高,这些成树叫做竞争木(competitive tree)。实测这些竞争木与对象木之间的距离。这里注意,如果只考虑种内竞争关系,只需要测同一种的对象木和竞争木距离。调查数据可以填入表5-9。

表5-9 植物种内和种间的竞争调查记录表

样地号:

树种名	对象木序号	竞争木序号	距对象木距离(m)	备注

2. 数据分析

表5-9的数据可以采用Hegyi(1974)提出的单木竞争指数模型计算竞争指数的大小,公式为:

$$CI = \sum_{j=1}^{n} (D_j/D_i) \frac{1}{L_{ij}}$$

式中 CI 为竞争指数,其值越大表明树种之间或种内的竞争越激烈;D_i 为对象木 i 的胸径;D_j 为竞争木 j 的胸径;L_{ij} 为对象木 i 与竞争木 j 之间的距离,n 为竞争木的株树。根据以上公式计算出每个竞争木对对象木的竞争指数,然后将所有对象木的竞争指数累加和平均得到研究树种间或种内的竞争强度。

图 5 - 4 是雾灵山油松(*Pinus tabulaeformis*)、白桦(*Betula platyphylla*)及山杨(*Populus davidiana*)天然林三种优势树种油松、白桦及山杨种间及种内竞争强度分析图。种内竞争强度是山杨 > 白桦 > 油松,而种间竞争强度则是白桦 > 山杨 > 油松。

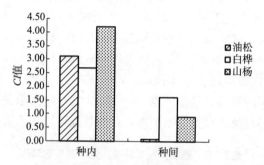

图 5 - 4   雾灵山油松、白桦及山杨的种间及种内竞争强度

5.4 植物群落生态调查与分析

在一个植物群落内,植物与植物之间、植物与环境之间都具有一定的相互关系,并形成一个特有的内部环境。在研究植物群落与环境关系时,首先要对植物群落进行调查,群落的数量特征是群落调查的重要内容。调查取得群落结构、组成、内部环境等方面的定量数据,是研究植物群落生态关系的基础。野外实习要求学生必须掌握植物群落调查的方法和技术,并学会整理、分析调查数据。

5.4.1 植物群落调查方法

1. 取样方法——样方的设置

在植物群落研究中的数据收集过程叫做取样(sampling)。由于受人力、物力和时间的限制,在大多数情况下,研究者都不可能对所研究地区的植物群落进行全部的研究,而只能抽取其中的一部分来研究分析,抽取的部分由一系列小的地段所组成,小地段叫做取样单位(sampling unit)。根据形状的不同,取样单位可有不同的名称,比如样方、样圆、样点、样条、样带等。为了方便,这里将取样单位统称为样方。

取样方法有两大类型:一是主观取样,二是客观取样;前者是人为地选择取样地段,后者是通过某种统计学方法来设置样方,又叫做概率取样法。

(1) 主观取样

选代表性样地(selective sampling):样地的选择是凭主观判断,使它能够代表所研究的植物群落。这一取样方法在植被研究实践中曾广泛地使用,它迅速、简便,对有经验的工作者能够取得较好的结果。这一方法的缺点是因为它是非统计学方法,不能进行显著性检验。

(2) 客观取样

① 随机取样(random sampling)样方的设置是随机的,即每一样品单位被抽样的机会是相等的。理论上讲随机取样是"理想"的方法,但是要真正做到"随机"困难较大。一般随机取样是将研究地区放入一个垂直坐标中,用成对的随机数作为坐标值,来确定样方的位置。随机数可以取自 Fisher 随机数表,如图 5 – 5 所示,两个样方 A 和 B 分别由随机数对(4,4)和(55,25)所决定。

② 系统取样(systematic sampling)是根据某一规则系统地设置样方,也叫规则取样(regular sampling)。比如说从山麓到山顶沿西北方向,每隔海拔 50 m 设置一个样方,至于为什么沿西北方向,为什么要每隔海拔 50 m,诸问题属于生态学范围。在大多数情况下,系统取样是先用地形等因素确定第一个样方位置,比如山顶等。系

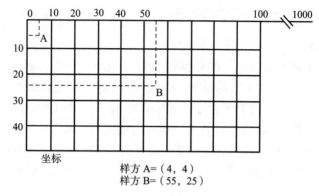

样方 A=（4，4）
样方 B=（55，25）

图5-5　随机取样图示
由随机数确定样方位置

统取样简单,样品分布普遍,代表性强,在植被变差较小的情况下,效果很好。系统取样的具体规则变化甚大,一般由使用者自行选择。

③ 限定随机取样(strained random sampling)也叫做系统随机取样(systematic random sampling),它是系统取样和随机取样的结合,兼有二者的优点。限定随机取样是先用系统法将研究地段分成大小相等的区组,然后在每一小区内再随机地设置样方。

④ 分层取样(stratified sampling)也是将研究地段分成一些小的地段,但小地段的划分方法不是统计学方法,而是自然的界线或生态学的标准。比如在草地和灌丛交错分布的地段,可以用群落的界线为依据划分小地段,再在小地段内进行随机或规则取样,分别代表草地和灌丛群落,在植被垂直地带非常明显的山地,可以不同的植被带作为小地段。对同一植物群落也可进行分层取样,比如森林植物群落的乔木层和草木层可以分开,用不同的取样方法。

⑤ 环境因子取样(sampling for environment)。以上讲的取样主要是样方位置的设置,在样方位置确定后,种的观测值可以直接测量记录。但对环境因素,某些因子的值只与样方位置有关,比如海拔高度、坡度、坡向、小地形变化等,可以直接测量记录。有些因子由于变化甚大,还需在样方内进行再取样,才能有较强的代表性,比

如土壤样品。样方内再取样可以用随机取样法,也可以根据某一规则进行系统取样,后者用得较多。比如,在土壤取样时可以取 5 个点,即样方的中心点和中心点到样方每个角连线的中点,得到 5 个样品,我们可以对这 5 个样品充分地混合,然后再从中取一部分作为所在样方土壤类型的代表样品而进行化学分析。

1. 样方的形状和大小

(1) 样方的形状

植物群落学中的取样单位有多种形式,包括样方、样圆、样点、样线、样带等。最常用的是方形样方,因为方形样方易于应用。从统计学角度讲,方形的边和面积的比较小,因而边际影响的误差较小;圆形的周长与面积比更小,但是应用圆形必须使用特制的样圆,在森林和灌丛研究中困难很大。长方形一般长与宽的比越大,边长就越长,边际影响误差也愈大,在设置长方形样方时,还需考虑环境梯度的方向,如长边是否与坡向保持一致等。样点和样线是在一些特殊研究中使用。样带则常常与系统取样结合使用,研究者可先设置样带,然后再沿样带规则地取样。

(2) 样方的大小

决定样方的大小时,首先要考虑研究的群落类型、优势种的生活型及植被的均匀性等。从统计学上讲,使用面积小而数目多或者面积大数目少的样方可以达到同样的精确度,但样方小,取样工作量增加。所以,样方大小要适当,一般用群落的最小面积作为样方的大小。群落最小面积定义为群落中大多数种类都能出现的最小样方面积,通常用种数 – 面积曲线来确定,即种数 – 面积曲线的转折点所对应的样方面积。

3. 样方的数目

理论上讲样方数目"越多越好",但样方太多,费时费工;样方太少,可能代表性较差,会导致错误的研究结果,一般需要客观的标准来确定取样的数目。

(1) 样方数 – 平均数曲线法

从统计学知识,我们知道每个样方中的平均个体数是随样方数目而变化的,当样方数较少时,平均数变化幅度较大,随着样方数目的增加,它的变化幅度逐渐减小,当达到某一样方数目时,它的变化幅度小于允许的范围(比如说5%变化幅度),此时对应的样方数目可以认为是我们所需要取的样方数。图5-6是一个样方数-平均数曲线的例子,从图中可知当样方数为30时,平均值基本稳定,因此,应该取30个样方。这一方法比较简单,在取样过程中逐步绘样方数-平均数曲线,如果平均数基本稳定,则可以停止取样,如果变幅尚大,取样继续进行。

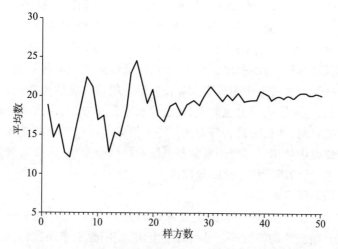

图5-6 样方数与每个样方中平均个体数的关系曲线

(2)面积比法

面积比法是在知道研究地段总面积的情况下,事先决定要选择研究面积的百分之几作为样地,比如说5%或10%的研究面积作为样地。这样在样方大小已经确定的情况下,样方数目是不难算出来的。

4. 无样地取样

无样地取样(plotless sampling)主要用于森林群落的研究,一般用于测定树种的密度,但在样树选定之后,也可得到基面积、频度等数据。无样地取样主要是测两株树之间的平均距离,由距离可以得到每个树所占的平均面积,因而换算出密度值。根据距离定义的不同,无样地取样可有四种做法。

(1) 最近个体法(closest individual method)

距离定义为随机样点与最近一株个体间的距离(图 5 - 7a)。

(2) 最近邻体法(nearst neighbor method)

距离定义为最近个体(方法 1 中的个体)与距它最近的邻株之间的距离(图 5 - 7b)。

(3) 随机对法(random pairs method)

该法要求先通过随机样点划分界线,使得该线与最近个体和随机样点间的连线垂直。距离定义为最近个体(同方法 1)与位于分界线另一侧最近一株间的距离(图 5 - 7c)。

(4) 中点四分法(point-centred quarter method)

距离定义为随机样点与每一象限中最近一株间距离的平均值。对于一个样点要测定四个距离(图 5 - 7d),该法要求事先确定好坐标系的方向。中点四分法被认为是较理想的方法,在每个样点可测得 4 个距离,这样总的取样点数可以减少,比较省时。

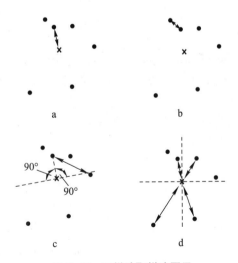

图 5 - 7　无样地取样法图示

a 最近个体法;b 最近邻体法;c 随机对法;d 中点四分法

5.4.2 植物群落数量特征的调查与描述

在取样的过程中,要记录一系列反映群落特点的数量指标。由于所用的指标大多是描述性的,所以也叫做群落特征描述。这是植物群落学野外工作的主要内容。

1. 植物群落数量特征及其测定

（1）多度

多度（abundance）是指群落内每种植物的个体数量。多度是样方内每种植物的实测株数,它可以是单株个体的数目,也可以是根状植物的地上枝条数或丛生植物的丛数等。计数时一般以植物的根部是否位于样方内为标准。也有些人用调查地段每种植物个体的相对数量表示多度,常用估计的方法测得。如法瑞学派（Braun-Blanquet）的五级制采用折中方法,在样方内估计,并参考样方以外群落内的个体多寡。

还有人把多度和盖度结合在一起,称作总估计,用得最多的是法瑞学派的五级制,其次是 Domin 的十级制,在北欧经常应用（见盖度部分）。

（2）密度

密度（density）是指单位面积,严格说应指空间的株数。用公式表示为:$D = N/A$,其中:D 为密度,N 为样方内某种植物个体的全部数目,A 指样方面积。

由此可见,密度与多度是非常相似的,在一次调查中,若所有的样方大小都相同,则密度与多度一致。

（3）距离

距离（distance）指的是某种植物的两个植株之间的平均距离。密度和距离的平方存在一定的关系,很早就有人建议用平均株距来估计密度,而省去采用样方的麻烦。20 世纪 50 年代许多学者进行这一研究,使用了 4 种无样地取样方法:最近邻体法、最近个体法、随机对法和中点四分法。

（4）盖度

盖度（cover 或 coverage）指植物地上部分垂直投影的面积占地

面的比率,这是一个重要的数量指标,反映了地面上的生存空间。单个植物种的盖度叫做种盖度;一个群落的覆盖度叫做群落总盖度;群落不同层的盖度称为层盖度。种盖度之和可以超过群落总盖度,因为有重叠现象。种盖度在一定程度上能够反映植物种的多度、频度、生活型等重要特征,所以是一非常重要的生态学指标,在植被分析中有着重要地位。

盖度可以直接用百分率表示,称作百分比盖度(percentage cover)。它可以是 0 ~ 100% 之间的任何值。盖度也可以表示为有序多状态的等级值,叫做盖度等级(cover class)。盖度等级有五级制、十级制等,最常见的是 Braun-Blanquet 五级制和 Domin 十级制(表 5 – 10)。百分比盖度和盖度等级数据在植被数量分析中都有较为广泛的应用。

表 5 – 10　盖度等级表

等级值	Braun-Blanquet 等级	Domin 等级
1	盖度 <5%	盖度非常小,仅 1 株
2	6% ~ 25%	盖度 <1%
3	26% ~ 50%	1% ~ 4%
4	51% ~ 75%	5% ~ 10%
5	76% ~ 100%	11% ~ 25%
6	—	26% ~ 33%
7	—	34% ~ 50%
8	—	51% ~ 75%
9	—	76% ~ 90%
10	—	91% ~ 100%

盖度的测定可以用目测估计,也可以用样点(测针)或者网格法测得。草场调查还有人用 10 cm × 10 cm 的塑料透明板调查植物的盖度。

(5) 胸高面积和基面积

基面积是植物种基部的平均面积,一般对乔木、灌木或丛生草本植物用这一指标,在林学中基面积被广泛用于估算材积量。基面积通常是一个样方中随机测得若干个样树,取其平均值。对某些树种由于特殊的生物学特征,如板状根、枝柱根等,使其根基部扭曲变形,因而采用胸高面积或胸径来代替基面积。胸高面积是植物胸高处(距地面约 1.3 m 处)的截面积。基面积和胸高面积常被用作优势度的指标。

胸高面积和基面积可以用卡尺先测胸径和基径,或用卷尺测胸部周长和基部周长,再计算胸高面积和基面积。

（6）高度

植株高度(height)是植物最高点(生长点)距地面的距离,其可以指示植物生长情况、生长势,以及竞争和适应的能力等。高度通常分为最高、最低与平均高度三项,可以实测,也可以估计。对于草本植物还有两种实测方法,一种是测定其自然状态的高度;一种把植株拉直来量。林木的高度测定则有多种方法。

（7）冠幅和枝下高

在森林和灌丛研究中有时要测冠幅和枝下高。冠幅是树冠外缘最宽处的距离,一般分两个方向,即东西冠幅和南北冠幅。冠幅与盖度类似,可以反映植物种在群落中的作用和地位。对于乔木的冠幅可以用投影方法测量,也可以估测;对于灌木和草本植物的冠幅可以用钢卷尺测量。枝下高指乔木最下面的分枝离地面的距离,它反映了植物种的特点,也反映了环境和人为的干扰。枝下高可以直接测量。

（8）频度

频度(frequency)是指某种植物出现的样方的百分率。它是反映某种植物分布均匀程度的一个指标:

$$频度 = \frac{某一种出现的样方数目}{全部样方数目} \times 100$$

在测定频度时,应注意样方的大小。样方不能太大,因为频度是反映种在一个群落内的分布,如果小样方大到与群落代表样地等同,那么就可以代表种所在的群落类型。

频度是一个综合概念,它受到密度、分布格局、个体大小、与样方数目和大小的影响。同一频度的种、分布格局可能大不相同。但是频度的测定非常简单,能够综合反映密度和分布格局,所以在植被研究中得到了广泛应用。

(9) 优势种与优势度

优势种(dominants)指在群落某一层片中占优势,对同一层片中其他种有较大影响,而本身受其他种的影响较小的种。优势种的另一种解释是指具有最大密度、盖度和生物量的种。很多学者认为最大的密度、盖度和生物量,即意味在群落中具有最大的影响。在主要层中的优势种就是建群种(constructive species)。优势种可以在野外依经验判断,也可以通过计算优势度确定。

优势度(dominance)表示某个种占优势的程度。一般用重要值(importance value)表示一个植物种的优势程度,其等于:

$$重要值 = \frac{相对密度 + 相对优势度 + 相对频度}{300}$$

$$相对密度 = \frac{某一种的个体数}{全部种的个体总数} \times 100$$

$$相对优势度 = \frac{某一种的基面积之和}{全部种的基面积之和} \times 100$$

$$相对频度 = \frac{某一种的频度}{全部种的频度之和} \times 100$$

日本学者诏田真(1979)认为,优势度应综合 4 项指标,即

$$优势度 = \frac{相对多度 + 相对盖度 + 相对频度 + 相对高度}{400}$$

$$相对多度 = \frac{某个种的多度}{所有种多度之和} \times 100$$

$$相对高度 = \frac{某个种的平均高度}{所有种平均高度之和} \times 100$$

$$相对盖度 = \frac{某个种的盖度}{所有种盖度之和} \times 100$$

灌木和草本植物的重要值有时可以简化,比如下式:

$$重要值 = \frac{相对盖度 + 相对高度}{200}$$

2. 植物群落调查记录

在野外调查时,植物群落的特征指标和环境指标先要记录在植物群落调查记录表中。植物群落调查记录表有不同的形式,建议用表 5 –11 形式的记录表。在一个样方中先调查有关的环境特征,然后从主要层开始调查,对每个种的数量指标进行测定。不同层调查的内容可能有异,根据研究内容而确定。

表 5 –11 植物群落调查记录表

调查地点: 调查日期:

样方编号: 样方面积: 记录者:

地理位置   经度: 纬度:

海拔: 坡向: 坡度:

土壤类型: 土壤厚度: 土壤母质:

微地形:

枯落物:

动物活动情况:

人为干扰情况:

植物群落总盖度(%):

主要层优势种:

植物群落名称:

乔木层调查记录

样方号: 乔木层盖度(%):

种名	树木序号	树高(m)	胸径(cm)	盖度(%)	枝下高(m)	冠幅(m×m)	生活型	备注(树皮、生活力、物候等)

灌木层调查记录表调查

样方号：　　　　　　　　　　灌木层盖度(%)：

种名	多度 (株数或丛数)	盖度 (%)	平均高度 (m)	冠幅 (m×m)	生活型	备注

草本层植物调查记录

样方号：　　　　　　　　　　草本层层盖度(%)：

种名	多度 (株数或丛数)	盖度 (%)	平均高度 (m)	生活型	备注

层外植物调查记录

样方号：

种名	蔓数	盖度(%)	平均高度(m)	备注

3. 植物群落命名和描述

（1）植物群落分类和命名

《中国植被》采用以群落本身的综合特征作为分类依据,群落的种类组成、外貌和结构、地理分布、动态演替、生态环境等特征在不同的分类等级中均有相应的体现。所采用的分类体系是 3 级主要分类单位:植被型(高级单位)、群系(中级单位)和群丛(基本单位)。每一等级之上和之下又各设一个辅助单位和补充单位。①植被型(vegetation type):凡建群种生活型(一级或二级)相同或相似,同时对水热条件要求一致的植物群落联合为植被型。②群系(formation):凡是建群种或共建种相同的植物群落联合为群系。③群丛(association):是植物群落分类的基本单位,凡是层片结构相同,各层片的优势种或共优种相同的植物群落联合为群丛。

植物群落的命名有不同的方法,《中国植被》采用优势种命名法,就是同一层的优势种用"＋"相连,不同层的优势种用"－"相连,植物群落的学名是用同样的符号将优势种的学名连接起来。比如:山杨＋白桦群系(Form. *Populus dividiana + Betula platyphylla*),油松－土庄绣线菊＋黄刺玫－披针苔草群丛(Assoc. *Pinus tabulae-formis – Spiraea pubescens + Rosa xanthina – Carex lanceolata*)。

（2）植物群落的描述

根据样方记录就可以描述所研究群落的组成、结构和环境特征。下面是小龙门地区糠椴(*Tilia mandshurica*)林的描述:见于海拔 1 050～1 500 m 的山坡,坡度 20°～30°,土壤为山地棕壤。群落总盖度 85%～95%。乔木层优势种为糠椴、大叶白蜡(*Fraxinus rhynchophylla*)、蒙椴(*Tilia mongolica*),乔木层盖度 70%～80%。主要伴生种为胡桃楸、棘皮桦、蒙古栎、元宝槭等;灌木层盖度 40%,主要物种有六道木(*Abelia biflora*)、小花溲疏(*Deutzia parviflora*)、钩齿溲疏(*D. hamata* var. *baroniana*)、毛叶丁香(*Syringa pubescens*)、土庄绣线菊(*Spiraea pubescens*)、金花忍冬(*Lonicera chrysantha*)、雀儿舌头(*Leptopus chinensis*)等;草本层盖度 45%,主要物种为藜芦(*Veratrum nigrum*)、玉竹(*Polygonatum odoratum*)、华北耧斗菜(*Aquilegia yabeana*)、半钟铁线莲(*Clematis ochotensis*)、瓣蕊唐松草

（*Thalictrum petaloideum*）、大丁草（*Leibnitzia anandria*）、银背风毛菊（*Saussurea nivea*）、歪头菜（*Vicia unijuga*）、蓝萼香茶菜（*Isodon japonica* var. *glaucocalyx*）、龙牙草（*Agrimonia pilosa*）等；还有山葡萄（*Vitis amurensis*）、羊乳（*Codonopsis lanceolata*）、穿龙薯蓣（*Dioscorea nipponica*）等层间植物。

5.4.3 植物群落调查数据的整理与处理

1. 数据表

在一次调查中需要做多个样方，得到多个植物群落调查记录表。首先，将这些数据整理在数据表中（表5-12）。每个指标都可以建立一个数据表，比如多度数据表、盖度数据表等，也可以是经过计算得到的数据表，比如重要值数据表等。

同样，调查得到的环境因子也可以建立数据表，叫环境数据表（表5-13）。

表5-12　植物群落调查种类数据表（盖度数据表）

种名或种号	样方						
	1	2	3	4	5	…	*n*
1							
2							
3							
…							
p							

表5-13　植物群落调查环境数据表

环境因子	样方						
	1	2	3	4	5	…	*n*
1							
2							
3							
…							
p							

2. 数据类型

（1）二元数据是具有两个状态的名称属性数据。如植物种在样方中存在与否，雌、雄同株的植物是雌还是雄等，这种数据往往决定于某种性质的有无，因此也叫定性数据（qualitative data）。一个种是否存在于一个样方中，存在记为 1，不存在记为 0，就构成了二元生态数据，这种二元数据有着重要的生态意义，因为种出现与否与环境密切相关。

（2）无序多状态数据是指含有两个以上状态的名称属性数据。比如 4 个土壤母质的类型，它可以用数字表示为 2、1、4、3，同时这种数据不能反映状态之间在量上的差异，只能表明状态不同，或者说类型不同。

（3）顺序性数据是包含多个状态，不同的是各状态有大小顺序，也就是它在一定程度上反映量的大小，比如将植物种盖度划为 5 级，$1 = 0 \sim 20\%$，$2 = 21\% \sim 40\%$，$3 = 41\% \sim 60\%$，$4 = 61\% \sim 80\%$，$5 = 81\% \sim 100\%$。这里 $1 \sim 5$ 个状态有顺序性，且表示盖度的大小。

（4）数量数据是以描述群落及其成员数量特征为指标而测得的数据，比如多度数据、盖度数据、频度数据等。这些值可以是连续的数值，称为连续数据（continuous data），也可以是不连续的枚举数值，叫做离散数据（discrete data）。

3. 数据矩阵

植物群落调查数据表中的数据一般是在 N 个样方中调查 P 个种的定量或定性指标，或者是在 N 个样方中调查 Q 个环境因子的值，因此，可以用一个 $P \times N$ 维或者 $P \times Q$ 维的矩阵表示，矩阵的列代表 N 个样方，行代表 P 个种或 Q 个环境因子，这样的矩阵叫做原始数据矩阵，简称数据矩阵（data matrix）。如果用 X 表示数据矩阵，它可表示为：

$$X = \{x_{ij}\} = \begin{cases} x_{11} & x_{12} & x_{13} & \cdots & x_{1N} \\ x_{21} & x_{22} & x_{23} & \cdots & x_{2N} \\ \cdots & \cdots & \cdots & \cdots & \cdots \\ x_{P1} & x_{P2} & x_{P3} & \cdots & x_{PN} \end{cases} \quad i = 1, 2, \cdots, P; \, j = 1, 2, \cdots, N$$

其中 x_{ij} 表示第 i 个种或环境因子在第 j 个样方中的观测值,它可以是上面介绍的任何一种数据,矩阵每一行称为一个行向量(row vector)或属性向量(attribute vector);一列叫做一个列向量(column vector)或实体向量(entity vector),共有 P 个行向量,N 个列向量,如果在 N 个样方中仅记录一个种的数量值,则数据矩阵就是一个行向量,可以认为是矩阵的特殊形式。

数据矩阵可以有多度数据矩阵、盖度数据矩阵、重要值数据矩阵、环境数据矩阵等。

4. 数据处理

数据处理是指进行数量分析之前对原始数据先进行简缩、转化和标准化的过程。这些处理过程一般是从生态学意义出发。

(1) 数据简缩

数据简缩(data reduction)是在不损失生态信息或损失非常少的前提下,去掉一些数据。数据简缩的过程要考虑研究的目的和使用的方法,在多元分析中一般是减少种类,即删除两个极端的种。一是极端多的种,比如二元数据中,如果一个种存在于所有的样方中,那么它对分类和排序不提供有用的信息,应该删去。二是极端少的种,比如有些种仅出现在一个样方中,即所谓的"孤种"(singleton),它对群落关系提供的信息非常少,可以淘汰。对于样方一般简缩处理较少,如果是代表性较差的样方,可以删去。

(2) 数据转换

数据转换(data transformation)是通过某一运算规则将原始数据转化为新的数据值的过程,而其新值的大小只与被转换的原始数据本身和运算规则有关,而与原始数据集合中的其他值无关。数据转换的目的一是为了改变数据的结构,使其能更好地反映生态关系;二是为了缩小属性间的差异性,由于属性的量纲不同,往往不同属性间的数据差异很大,比如不同的环境因子测量值。数据转化有如下类型:对数转换、平方根转换、立方根转换和倒数转换。

(3) 数据标准化

数据标准化(data standardization)也是通过某一运算将原始数据转化成新值。但其新值的大小除依赖于原始数据自身外,也与原始数据集合中的其他值有关。数据标准化是统计学上常用的方法，是为了消除不同属性或样方间的不齐性，或者使得同一样方内的不同属性间或同一属性在不同样方内的方差减小；有时是为了限制数据的取值范围，比如[0,1]闭区间等。数据标准化有数据中心化、离差标准化、数据正规化等方法。

5.4.4 植物群落的排序

排序的过程是将样方或植物种排列在一定的空间，使得排序轴能够反映一定的生态梯度，从而能够解释植物群落或植物种的分布与环境因子间的关系，也就是说排序是为了揭示植被－环境间的生态关系。排序的过程就是计算排序轴坐标值的过程。

1. 数据

即前文植物群落数据表或数据矩阵中的数据。数据可以是多度数据、盖度数据、重要值数据等，如何选择数据需从生态意义考虑。一般用综合数据的较多，比如重要值数据。

2. 数据分析

DCA(detrended correspondence analysis)是以 CA/RA 为基础修改而成的一个特征向量排序。DCA 把第一轴分成一系列区间，在每个区间将平均数定为零而对第二轴的坐标值进行调整，从而克服了弓形效应，提高了排序精度。DCA 是现代最常用的排序方法。在现有的方法中，DCA 与高斯的群落模型最为吻合，也是在植被分析中最为有效的一种方法，计算过程如下：

（1）任意给定样方排序初始值 z_j（不应全部相等）；

（2）将样方排序值进行加权平均，求得种类排序新值 y_i：

$$y_i = \frac{\sum_{j=1}^{N} x_{ij}z_j}{\sum_{j=1}^{N} x_{ij}}$$

（3）求样方排序新值 $z_j'(j=1,2,\cdots,N)$，它等于种类排序值的加权平均：

$$z_j' = \frac{\sum\limits_{i=1}^{P} x_{ij} y_i}{\sum\limits_{i=1}^{P} x_{ij}}$$

（4）对样方排序值标准化。方法如下：

① 计算样方坐标值的形心 V：

$$V = \sum_{j=1}^{N} C_j z_j' \Big/ \sum_{j=1}^{N} C_j$$

式中 C_j 为原始数据矩阵列和 $C_j = \sum\limits_{i=1}^{P} x_{ij}$ 。

② 计算离差

$$S = \sqrt{\sum_{j=1}^{N} C_j (z_j' - V)^2 \Big/ \sum_{j=1}^{N} C_j}$$

由最后一次迭代结果所求得的 S 实际上等于特征值 λ。

③ 标准化得新值：

$$z_j^{(a)} = \frac{z_j' - V}{S}$$

式中 $z_j^{(a)}$ 为标准化后的样方排序值，z_j' 是其未经标准化的值。这一标准化使得样方排序轴和种类排序轴具有相等的特征值 λ。

（5）以标准化后样方排序值为基础回到第二步，重复迭代，直到两次迭代结果基本一致。

（6）求第二排序轴，和第一排序轴一样，先任选一组样方排序初始值，再计算种类排序值，然后再计算出样方新值，这里不需要进行正交化，取而代之的是除趋势。即将第一轴分成数个区间，在每一区间内对第二轴的排序值分别进行中心化。用经过除趋势处理的样方排序值，再进行加权平均求种类排序新值。其后步骤同第一轴。

以上计算过程可以用 CANOCO 软件完成。

图 5-8 是太行山中段 68 个样方的 DCA 二维排序图，这里用的是重要值数据。第一排序轴反映了海拔的变化，即从左到右海拔

逐渐降低,沿着第一排序轴,由左到右分布的群落类型依次为:群落Ⅰ、Ⅱ、Ⅲ、Ⅳ、Ⅴ→群落Ⅵ、Ⅶ、Ⅷ→群落Ⅸ、Ⅹ。这些群落的海拔从2 100 m→1 400 m→1 050 m,逐渐降低。随着海拔高度的降低,环境中的水热因子发生变化,生境中所对应的植物种类相应改变。第二排序轴主要反映了土壤水分的变化,即从下到上土壤水分逐渐减少。

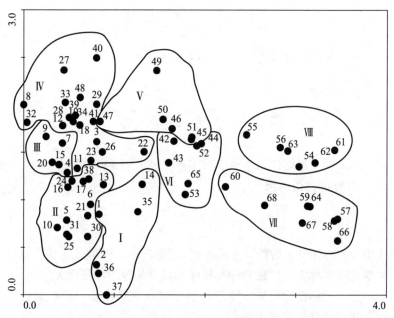

图 5-8　太行山中段 68 个样方的 DCA 二维排序图(Zhang et al,2006)

1,2,…,68 代表样方号;Ⅰ,Ⅱ,…,Ⅷ代表群落类型

5.4.5 植物群落的数量分类

植物群落的数量分类就是用数学方法来完成分类过程。数量分类可以处理大量数据,获得的信息量大,分类的精度较高,速度也快。数量分类是基于实体(样方)或属性(种类)间相似关系之上的。因此,大部分分类方法首先要求计算出实体间或属性间的相似(或相异)系数,再以此为基础把实体或属性归并为组,使得组内成员尽量相似,而不同组的成员则尽量相异。

1. 数据

数据同排序,可以是多度数据、盖度数据、重要值数据等,选择什么数据从生态意义考虑。一般用综合数据的较多,比如重要值数据。

2. 数据分析

双向指示种分析(two-way indicator species analysis, TWINSPAN),TWINSPAN 同时完成样方和种类分类。TWINSPAN 首先对数据进行 DCA 或 CA/RA 进行排序,同时得到样方和种类第一排序轴,分别用于样方分类和种类分类。样方分类和种类分类的过程是一致的,下面我们以样方分类来说明基本过程。

(1) 以排序轴为基础进行预分组。先求出坐标轴的形心,即平均值:

$$\bar{y} = \sum_{j=1}^{N} y_j / N$$

式中 y_j 为第 j 个样方的排序坐标值。

以排序轴的形心为界,将样方分为正负两组,负组 $A_1(y_j \leqslant \bar{y})$,正组 $A_2(y_j > \bar{y})$。

(2) 选取指示种。指示种(indicator species)是对分类有重要意义的种,一般是分布于排序轴两端的种。某个种指示意义的大小用一数量指标——指示值(indicator value)来衡量:

$$D(i) = \left| \frac{n_1(i)}{N_1} - \frac{n_2(i)}{N_2} \right| \qquad (i = 1, 2, \cdots, P)$$

式中 $D(i)$ 为种 i 的指示值;N_1 和 N_2 分别是上面得到的 A_1 和 A_2 两组所含的样方数;$n_1(i)$ 是种 i 在 A_1 中出现的样方数;$n_2(i)$ 是种 i 在 A_2 中出现的样方数。

当 $D(i) = 1$ 时,种 i 是完全指示种;当 $D(i) = 0$ 时,种 i 没有指示意义。选取 $D(i)$ 最大的几个种作为指示种,一般选取 5 个种。

(3) 计算样方指示分(indicator scores)。对选出的指示种,视其在正组和负组哪一边占优势,分别称为负指示种和正指示种。即:当 $n_1(i)/N_1 > n_2(i)/N_2$ 时,则种 i 是负指示种;反之,$n_1(i)/N_1 < n_2(i)/N_2$ 时,则种 i 是正指示种,在一个样方中,如果它含 1 个正指

示种,应得 1 分,如果它含 1 个负指示种,应得 – 1 分,将它所有的分数加起来,应得到该样方的指示分,记作 Z_j。

（4）按指示分将样方分组。选一适当的指示域值,根据指示分值的大小将样方分为正负两组。指示域值的选取要使得所分的两组与前面用排序坐标所分的预分组的吻合程度更高,也就是错分类（misclassification）的样方最少。

（5）对预分组进行调整。如果两次所分的组不完全一致,需要适当的调整。调整就是以排序轴形心为中心向两侧扩展,划出一个较窄的中性带（indifference zone）,处于中性带内的错分类,可以人为调整过来。

（6）再分划。以上是一次分划的过程,重复以上过程,对上面得到的两个组进行再分划,直到组内样方数降到一个规定数值（终止原则）时为止。最后得到一个样方等级分类。这里需要注意的是,进行再分划时,对将要分划的组需要重新计算排序坐标,这样在整个分划过程中,排序轴可能代表不同的环境梯度,生态意义更加明确。

（7）用与样方分类相同的方法进行种类分类,同样得到一个种类等级分类。样方分类和种类分类可以结合起来排在一个矩阵中,叫双向分类矩阵（two-way classification matrix）,这是 TWINSPAN 的一个特点。

以上计算过程可以用 TWINSPAN 软件完成。

图 5 – 9 是东灵山山地草甸群落 45 个样方的 TWINSPAN 分类树状图。45 个样方被分为 7 个群丛。

5.4.6 群落物种多样性分析

物种多样性（species diversity）是指物种水平上的生物多样性。它是用一定空间范围物种数量和分布特征来衡量的。不同的植物群落有不同物种多样性,它与群落的结构和功能密切相关。通常物种多样性具有下面三种涵义:①种的丰富度（species richness）:是指一个群落或生境中种的数目的多寡。②种的均匀度（species evenness）:是指一个群落或生境中全部种的个体数目的分配情况,它反

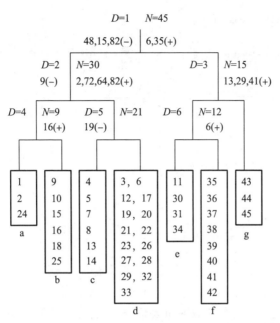

图5-9 东灵山山地草甸群落45个样方的 TWINSPAN 分类树状图

N 为样方个数;D 为分类次数;(+)(-)表示正负指示种;a、b...g 为群丛号

映了种属组成的均匀程度。③种的多样性(diversity)或称种的不齐性(species heterogeneity):这是上述两种含义的综合,有人就称之为优势度多样性。对于一个植物群落,我们可以通过计算多样性指数来分析物种多样性。

1. 数据

即植物群落数据表或数据矩阵中的数据,一般计算物种多样性的数据用个体数量,即多度数据,现在也有用重要值数据、生物量数据等计算的。

2. 数据分析

这里介绍几种常用的物种多样性指数。

(1)丰富度指数

Patrick 指数:$D = S$

Margalef 指数:$D = \dfrac{S-1}{\ln N}$

（2）多样性指数

Shannon-Weaner 指数：$H = - \sum\limits_{i=1}^{s} (P_i \ln P_i)$

Simpson 指数：$D = 1 - \sum\limits_{i=1}^{s} \dfrac{N_i(N_i - 1)}{N(N-1)}$

（3）均匀度指数

Pielou 均匀度指数：$E = \dfrac{H}{\ln(S)}$

McIntosh 均匀度指数：$E = \dfrac{N - \sum\limits_{i=1}^{s} N_i^2}{N(1 - N_i)}$

式中 R、D、E 分别是丰富度指数、多样性指数和均匀度指数，S 为群落或样方中的植物种数，N 为全部种的个体总数或全部种的重要值之和，N_i 是种 i 的个体数或重要值，P_i 表示第 i 个种的个体数或重要值得比例，即 $P_i = N_i/N$。

对每个样方都可以计算丰富度指数、多样性指数和均匀度指数，然后再分析它们的变化和生态意义。

图 5 – 10 是百花山自然保护区 61 个样方的物种丰富度指数、多样性指数和均匀度指数沿海拔的变化，说明物种多样性与海拔有密切的关系。

5.4.7 群落种间关联性和相关性分析

在一个群落中，有多个植物种共存，相互之间必然发生这样或那样的关系，这种关系可以用种间关联程度和相关程度来表示，也就是我们常说的物种的关联性和种间相关性。物种的关联性与相关性是植物群落重要的数量和结构特征之一。

种间关联是指不同种类在空间分布上的相互关联性，通常是以物种的存在与否为依据，是一种定性的数据分析；而种间相关不局限于物种存在与否的二元数据，同时还涉及它们的数量多少，是一种定量的关系。

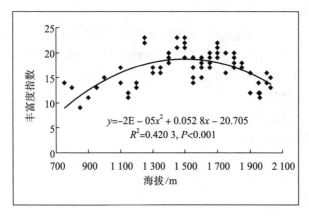

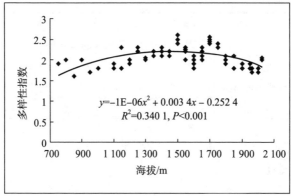

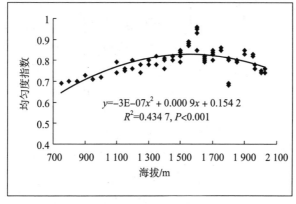

图 5-10 百花山自然保护区物种丰富度、多样性和均匀度指数沿海拔的变化

1. 数据

同样是植物群落数据表或数据矩阵中的数据,种间关联性只用二元数据,种间相关性可以用各种数据,包括种多度数据、盖度数据、重要值数据、生物量数据等,也包括二元数据。

2. 数据分析

(1) 种间关联

种间关联的研究包括两个内容,一是在一定的置信水平上检验两个种间是否存在关联;二是测定关联的程度的大小。两个种关联与否一般用 χ^2 检验,就是首先将两个种出现与否的观测值填入 2×2 列联表:

		种 B		
		出现的样方数	不出现的样方数	
种 A	出现的样方数	a	b	$a+b$
	不出现的样方数	c	d	$c+d$
		$a+c$	$b+d$	$a+b+c+d=N$

假定种 A 和种 B 相互独立,没有联系,则可以通过计算 χ^2 值来检验这一假设:

$$\chi^2 = \frac{N\left[\ |ad-bc| - \frac{1}{2}N\right]^2}{(a+b)(c+d)(a+c)(b+d)}$$

式中 N 为样方总数;a 为两物种均出现的样方数;b、c 为仅有一个物种出现样方数;d 为两物种均未出现的样方数。当 $ad>bc$ 时为正联结,当 $ad<bc$ 时为负联结。若 $\chi^2>3.84(0.01<P<0.05)$ 表示种对间关联性显著,若 $\chi^2>6.635(P<0.01)$ 表示种对间关联性极显著。

通过检验,若两个种有显著的关联性,则可以用一些指数来测定关联程度的大小。这里介绍两个主要的相关指数,它们仍以上面 2×2 列联表为基础,这里 I 代表关联指数。

Ochiai 指数:$I = \dfrac{a}{\sqrt{a+b}\,\sqrt{a+c}}$

Jaccard 指数：$I = \dfrac{a}{a+b+c}$

（2）种间相关

在两个种都存在于所有的样方中（绝对关联）的情况下，关联指数就不适用。这时我们就要使用数量数据，比如多度、盖度等，一般通过计算种间相关系数来衡量两种间的相关程度。Pearson 相关系数：

$$r_{ik} = \frac{\sum\limits_{j=1}^{N} (x_{ij} - \bar{x}_i)(x_{kj} - \bar{x}_k)}{\sqrt{\sum\limits_{j=1}^{N} (x_{ij} - \bar{x}_i)^2 \sum\limits_{j=1}^{N} (x_{kj} - \bar{x}_k)^2}}$$

式中 r_{ik} 代表种 i 和 k 之间的相关系数，N 为样方数目；x_{ij} 和 x_{kj} 分别是种 i 和 k 在样方 j 中的观测值；$\bar{x}_i$ 和 $\bar{x}_k$ 分别是种 i 和 k 在所有样方中观测值的平均。r_{ik} 可以是 1 和 -1 之间的任何值，正值表示正相关，负值表示负相关。r_{ik} 的显著程度可以用 t 检验（自由度 = $N-2$）。一般的统计学书中均附有现成的相关表，可直接查表检验。

图 5 – 11 是东灵山刺五加生存群落 11 个乔木树种 Jaccard 关联指数半矩阵图。

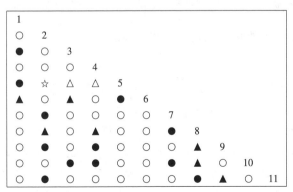

图 5 – 11　东灵山刺五加生存群落 11 个乔木树种 Jaccard 关联指数半矩阵图

正关联 ●0 ~ 0.2　　▲0.2 ~ 0.4　　★0.4 ~ 0.6　　◆≥0.6

负关联 ○ −0.2 ~ 0　　△ −0.4 ~ −0.2　　☆ −0.6 ~ −0.4　　◇≤ −0.6

5.5 植物群落分布规律的调查分析

地球表面的水热条件等沿经度或纬度发生着递变,从而引起植被沿经度或纬度方向也呈梯度更替的现象,称为植被分布的水平地带性(horizontal zonality)。植被沿着纬度方向有规律地更替称为植被分布的纬向地带性。植被在陆地上的分布,主要取决于气候条件,特别是其中的热量和水分条件,以及二者状况。由于太阳辐射提供给地球的热量有从南到北的规律性变化,因而形成不同的气候带,与此相应,植被也形成带状分布。以水分条件为主导因素,引起植被分布由沿海向内陆发生规律性更替,称为植被分布的经向地带性。由于海陆分布、大气环流和地形等因素综合作用的结果,从沿海到内陆降水量逐步减少,因此,在同一热量带,各地水分条件不同,植被分布也发生明显的变化。这些分布在"显域地境"上的植被能充分地反映一个地区的气候特点,所以它们是地带性植被(zonal vegetation),也叫显域植被。相对应的是非地带性植被或隐域植被,它们的分布不是固定在某一植被带,而是与特殊的环境条件相联系,如水生植被只要有水环境就可形成。

在山地从山麓到山顶水热条件等环境要素也发生着梯度变化,相应的植被也形成了地带性变化,叫做垂直地带性(vertical zonality)。

5.5.1 植物群落分布规律的调查

植物群落分布规律的调查一般采用路线调查和样方调查相结合,就是沿着一定的路线较快地前行,沿途观察植被和环境的变化,并配有比例尺较大的地图,在群落类型明显不同的地方,先在地图上标出群落的界限,然后再设置样方作详细调查,记录植物群落和环境的特征。这样我们可以得到各种群落类型的分布范围、群落的组成和结构特征以及它们分布与环境关系的数据。在山地沿着海拔梯度的变化进行这样的调查,就可以获得植物群落垂直分布的规律以及环境因子的作用。需要注意的是在植被垂直带调查时,最少要沿两个坡向进行调查,比如南坡和北坡,这样才能更准确地获得植被垂直分布信息。图 5 - 12 是东灵山植被垂直分布图,图 5 - 13 是北京百花山 8 种植物群落的垂直分布图。

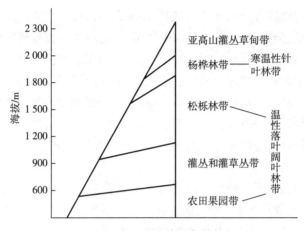

图 5 - 12　东灵山植被垂直分布图示

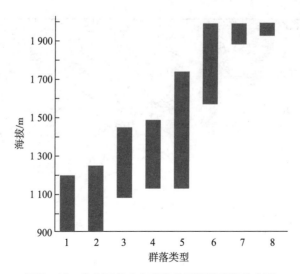

图 5 - 13　北京百花山 8 种植物群落的垂直分布图

1 山杏 + 虎榛子群落;2 山杏 + 三裂绣线菊灌丛;3 胡桃楸林;4 山杨林;
5 白桦林;6 黄桦林;7 华北落叶松林;8 紫石蒲 + 细叶苔草草甸

5.5.2 植物群落分布规律的分析

为了反映植物群落分布规律,一般是用植物群落分布的调查信息绘制植物群落分布图或植被图(vegetation map)。植被图是标志植被类型、分布、特征等信息的图件,是植物群落或植被研究的重要成果和内容,对植被分类等的研究有重要作用。把植被调查信息标志到有地形背景图件上去的技术程序,叫植被制图。随着遥感、计算机自动制图等现代制图技术的应用,植被制图成为更加高效和客观的资料处理手段。植被图对于合理保护和利用植被资源有重大意义。植被图还可标出气候类型、土壤等环境因子,反映生态环境特点。

利用山地调查得到的植物群落分布信息也可以绘制植物群落分布图,多数情况下,是绘制植被垂直带谱图。它可以明显地反映植被垂直分布特征以及环境的作用。图5–14是北京东灵山地区植被分布图。

图5–14 北京东灵山地区植被分布图

5.6 生态系统生态调查与分析

5.6.1 生物量与生产力的调查与分析

生物量(biomass)又称现存量,是指某一特定时刻,单位面积或体积内所有生物有机体物质的总量(干重),其是生态系统生物生产力研究的基本概念。在一个生态系统中,植物干物质总量称其为植物量(phytomass),通常用 kg/m^2 或 t/hm^2 表示。某段时间、某个植物种或生态系统所生产的有机体的量称生产量(production),通常用 $kg/(m^2 \cdot a)$ 或 $t/(hm^2 \cdot a)$ 表示。在一定时间内,植物积累干物质的数量称为生产力(productivity)。生态系统中各植物种群的生物量很难测定,特别是地下器官的挖掘和分离工作非常艰巨,在研究实践中对地上部分生物量调查得比较多。

1. 森林群落的生物量与生产力测定

(1)森林群落的生物量测定

森林群落的生物量是指群落在一定时间内积累的有机质总量,它是森林生态系统生产力的最好的指标。森林群落生物量包括乔木层生物量、灌木层生物量和草本层生物量。

首先选择标准样地,样地大小根据森林类型、林龄等确定,一般要在 20 m × 20 m 以上。在样地内调查记录森林的层次结构、各树种盖度、多度,林下植物的种类、盖度等。然后,对样地内全部树木逐一地测定其胸径、树高、南北与东西两个方向的冠幅以及死活枝下高,每测一树要分种类进行编号记录。以 2~4 cm 为一个径阶,根据各径阶立木所占比例来确定不同径阶的标准木株数。选择标准木时要选生长正常树木。将标准木伐倒后,每隔 1 m 或 2 m 锯开,若树木较高大,区分段可增加至 4 m,分别测定各区分段的树干、树枝、树叶、花和果的鲜重,树干每段截取厚度至少 2 cm 的圆盘为树干的样品,也称鲜重。称量枯枝的湿重,并收集至少 200 g 的样品称重。活枝和叶,每部分随机取至少 200 g 的枝和叶的样品,也称鲜重。花和果实也称鲜重,并收集样品。将所有样品装入袋中带回实验室,在 80℃烘干至恒重后称取干重,计算全部样品的含水量。依据各部分的含水量及其鲜重计算干重,即各部分的生物量。各部分的生物量之和便是该样木的地上部分生物量。

乔木地下部分即根的生物量测定费时费力,必要时才做。对必须进行根生物量测定的标准木,需将根全部挖出。根据树的大小来估计所需挖根的面积和土壤深度。一般围绕伐倒标准木的基部挖取 1 m² 面积、0.5 m 深范围内的根系(挖坑深度取决于根的分布深度),分别将根茎、粗根(2 cm 以上)、中根(1 ~ 2 cm)、小根(0.2 ~ 1 cm)、细根(0.2 cm 以下)分开称鲜重。取各部分样品带回室内,烘干后求出含水量,估算出总的根的干重。

根据上面测定的生物量数据,采用直线($y = a + bx$)、对数($y = a + \ln x$)、幂函数($y = ax^b$)和指数模型($y = ae^{bx}$),模拟树干、树枝、树叶、花果以及地上部分生物量与胸径 D、树高 H、冠幅 C 等之间的关系方程,选取最优模型。在研究实践中用胸径 D 或者胸径和树高的组合 D^2H 作为变量的较多,效果比较好。依据样地内每株树的胸径和树高为自变量,按最优模型,计算样地内每株树的各部分生物量,进而可获得每公顷林地上树干、枝、叶、花果和地上部分的生物量。有了关系方程,在以后的调查中只测胸径、树高、冠幅等就可以得到森林乔木的生物量。表 5 – 14 就是乔木生物量的关系方程例子。

林下灌木层和草本层生物量采用样方收获法测定,即在样地中随机布设 5 ~ 10 个 1 ~ 2 m² 的样方,将其中的灌木和草本植物(地上、地下)全部收获称重,并烘干测干重。以样方的平均值推算森林群落的林下植被生物量。

(2) 森林群落的生产力

森林的生产力就是每年生物量的生产能力,一般用生物量除以林分的平均年龄而估计生产力。如果要准确获得生产量和生产力数据,就要用动态测量的方法,比如每 3 ~ 5 年实测一次生物量值,多年数据可以准确得到森林生产力的值。

2. 草地群落生物量的测定

草地群落生物量的测定是把样方内全部植物割下并把根系全

表5-14 晋西人工油松林优势种油松各部分生物量的之间的指数关系方程

Y \ X	胸径 D	树高 H	冠幅 C
树干生物量	$y=0.084\,4x^{2.103\,2}$ $r=0.985\,9^{**}$	$y=0.054\,6x^{2.616\,3}$ $r=0.891^{**}$	$y=1.868\,2x^2-3.237\,6x+2.723\,3$ $r=0.815\,3^{**}$
树枝生物量	$y=0.012\,9x^{2.596}$ $r=0.971\,1^{**}$	$y=0.011\,9x^{2.922}$ $r=0.717\,5^{**}$	$y=0.647x^2-0.832\,8x+0.591\,5$ $r=0.693\,3^{**}$
树叶生物量	$y=0.009\,9x^{2.692\,9}$ $r=0.970\,5^{**}$	$y=0.008\,9x^{3.044\,7}$ $r=0.713\,3^{**}$	$y=0.571\,2x^2-0.732x+0.554\,5$ $r=0.691\,4^{*}$
地上生物量	$y=0.100\,2x^{2.321\,6}$ $r=0.996\,0^{**}$	$y=0.075\,6x^{2.752\,9}$ $r=0.820\,2^{**}$	$y=3.167\,6x^2-5.013\,5x+4.051\,5$ $r=0.785\,2^{**}$

部挖出称其鲜重和干重,这种方法称刈割法。首先根据群落情况决定样方大小及数目。高草地(高度 > 1 m)通常用 3 m × 3 m,或 5 m × 5 m 大小的样方,中草地(高度 1 m 左右)通常用 1 m × 1 m 或 2 m × 2 m 的样方,矮草地(高度 < 1 m)通常用 1 m × 1 m 或更小的样方。在样方的四角树以标杆,按种类剪割样方内的植物,并装在塑料袋里,以防水分损失。对于高草地有时需要分层测定生物量,这样先要确定每层的厚度,然后拉上水平线,以线的高度为准进行剪割。剪割完上层后,用同样的方法剪下一层。剪割完成后,把各个种的样品按叶、茎、花、果等器官分开,测定鲜重。可以在野外随时测定鲜重,也可以带回实验室测定。

地下生物量的测定一般要挖一定面积和一定深度的土体,将土体放在筛子中并用水漂洗,取出全部根系,测定鲜重。由于对根系分种困难较大,一般不分种类,只测地下总生物量。

将所有样品带回实验室,在 80℃ 烘干至恒重后称取干重,可以得到各个种的叶、茎、花、果和地上生物量,所有种的地上生物量之和便是草地群落的地上生物量。地上生物量再加上地下生物量就是群落总生物量。

草地群落也可以通过测定叶面积和株数,建立回归关系方程,预测生物量的变化。

草地群落生物量的测定相对比较容易,所以草地群落生产力一般用不同时间多次测定生物量的方法进行测定。

5.6.2 森林凋落物的调查

森林凋落物(litters)的形成与分解是森林生态系统的重要生态过程,在物质循环中占有重要地位。枯落物作为森林净第一性生产力的一部分,每年枯死、脱落,经土壤动物、土壤微生物利用、分解后又进入再循环。

1. 森林凋落物量的调查

森林凋落物量一般用凋落物收集器收集,通常为 1.0 m × 1.0 m × 0.2 m 或 0.5 m × 0.5 m × 0.2 m 的开口木箱,底部钻若干小孔以便排水,也可用 3 mm 以下孔径的金属网或尼龙纱网作箱底。

在森林生态系统内随机设点,收集器数量每个生态系统或林分不少于10个。一般在生长季前将收集器放入林内,每个月收集测定一次,以一年为一个周期,以便获得一个完整的季节动态过程。每次测定时,将收集器内凋落物全部装入塑料袋带回实验室,区分不同乔木种类的叶、枝、皮、果等,并称量其鲜重。有的研究不分种类,只计总量。将样品用80℃的烘箱烘至恒重后称量干重,计算含水量。最后换算成单位面积的凋落量。年凋落物量用 t/hm² 表示。森林凋落物量的调查可以连续多年进行。

（2）凋落物分解速率

凋落物分解速率(decomposition ratio)用一定时间内的失重率表示。将凋落物每份约200 g装入2 mm孔径的尼龙纱网袋(18 cm × 18 cm)中并编号,40℃烘至恒重后称量干重。每种样本重复3袋。凋落物取样时间以秋季落叶时间为好。模拟自然状态平放在林地凋落物层中,底部应接触土壤A层。每份样本可以是全部叶子,也可以是叶、枝、皮等的混合体;可以是同一树种,也可以是所研究的样地内所有树种的混合体。放置的地点可以是同一生境,也可以是不同生境。这些都是根据具体的研究目的和研究内容而定。每个月取回样袋,清除样带附着杂物,用与前面相同的方法测定干重,计算失重率并将样袋放回原处。这样可以得到凋落物逐月的分解过程。也可只在翌春开始时测一次,翌年秋季落叶时再测一次,可得第一年的分解速率。连续数年,直至样本完全失去原形,与土壤A层一样,即可得到凋落物完整的逐年分解过程。

$$凋落物分解率(\%) = \frac{样本失重量}{样本原重量} \times 100\%$$

5.6.3 土壤种子库调查

土壤种子库(seed pool)是指存留于土壤表面及土层中有活力的植物种子的总和。各类生态系统均有其种子库,但实践中对森林生态系统土壤种子库研究得比较多。森林生态系统中,植物以休眠繁殖体形式存在的个体远远超过地上植株的数量,森林土壤种子库内的种子作为植被潜在更新能力的重要组成部分,与植物群落的结构、动态、林窗发育及生物多样性都有密切关系,在很大程度上决定着植被发展的进度和方向。

1. 土壤种子库调查取样

在森林土壤种子库方面,野外主要用样方法随机取样,也有用样线或样带与样方相结合的方法。样方大小有 1 m×1 m、10 cm×10 cm、50 cm×50 cm 等多种选择。样方大数量可以少些,样方小数量就要多,10 cm×10 cm 的样方用得较多。土壤样品的采集时间一般在群落中大多数物种已经散布了它们的种子之后的秋季进行,也可以在不同的季节取样,以监测种子库动态。样方选定后,将样方中一定深度的土壤全部挖出,再对种子进行分离鉴定。

2. 土壤种子库鉴定

(1) 机械法

有两种做法:①漂浮浓缩法是用各种浓度的盐溶液淘洗土壤样品,利用比重的差异把种子从其他有机体和矿物质中分离出来。在研究单个植物种的种子库时,漂浮法比较有效。由于不同植物种的种子比重和种子密度变化很大,在研究整个植物群落种子库时漂浮法不太适用。②网筛分选法是用水在网孔大小不同的筛子漂洗土壤样品,通过网筛分选逐步减小土样体积,同时将种子按大小粒径分离。分离得到的种子根据其大小、形态特征以及解剖结构等鉴定种类,并计数每个种的种子数量,对于个体小的种子尚需在显微镜下查找和鉴定。对于不同种类的种子,还需要确定种子的活力,常用的鉴定种子活力的方法有直接检验法和四唑(tetrazolium)染色法。前者根据种子是否具有汁液、油性以及新鲜的胚来判断种子是否存活。后者是将 2,3,5 - 三苯四唑氯化物(TTC) 1 g,加重蒸水 100 mL(pH 6.5~7.0)作为染色剂,把冲洗干净的植物种子先用水浸泡 2 h,然后吸干种子表面水分,放入染色剂溶液中,在 35~40℃ 温箱内染色 2 h,然后从染色剂溶液中取出种子在放大镜下观察,着色种子是有生活力的种子。

(2) 自然萌发法

按一定深度将样方的土体整体挖出,保持原状,整体带回实验室。将土体用薄木板固定,放在有光照和适当温度的地方,然后浇水保持土壤湿度,让土壤中的种子自然萌发,每出来一个幼苗,鉴定其种类,并做记录,然后将其拔除。直到大部分种子萌发完备,没有新幼苗长出时为止。这样就可以得到每个种有活力的种子数量。这样的实验持续时间较长,研究实践中可以通过人工处理方法加快萌发速度,就是将采集来的土体借助于低温处理、适当高温或化学物质刺激等方法,打破种子休眠,再加上适当的光照、温度、湿度条件,使存活种子尽可能全部萌发。

6 小专题研究

　　小专题研究是一项探索性的活动,是把理论知识应用到科学实践中去的一次全方位大检验。通过小专题研究不仅可以培养学生独立思考、勇于探索、不怕挫折的科学精神,还可培养学生实事求是、严谨认真的科学态度。

　　通过理论学习,学生对生物学有了较为深刻的认识,在日常学习和生活中可能也发现了很多有意思的现象或值得探讨的问题,如环境对植物形态结构的影响、环境对植物分布的影响、花的形态结构与传粉媒介的适应、植物与动物的协同演化、生物进化的规律等,有做一番深入研究的愿望,野外实习则给他们创造了一个难得的机会。但在开展小专题的研究过程中,有时会遇到一些问题,如研究目标不明确,对所做的实验究竟要解决什么科学问题比较模糊或阐述不清;对自己的研究结果有什么科学意义不明确;实验设计有缺陷,对影响因素考虑不周,甚至没有重复;对实验数据没有进行深入统计分析;论文写作缺乏规范等。

　　小专题的选题是否合适,直接关系到研究的成败,研究论文的写作水平的高低也会影响研究工作的进展和研究成果的交流。在科学研究的过程中,每一步都有相应的规范、要求和方法,都是有章可循的,下面就小专题的选题、实施、论文写作等方面做简要介绍。

6.1 小专题的选题

　　选题是科学研究中具有战略意义的重要环节。如何选择一个合适的研究课题？既不能异想天开，也不能闭门造车，只有通过自己平时的观察、思考，找到自己感兴趣并有能力解决的问题，才可进行研究。所以，选题要首先要考虑三方面的问题：自己感兴趣的研究方向是什么，研究的条件是否满足，是否有足够的能力去完成。

6.1.1 查阅文献、寻找科学问题

学生找到自己感兴趣的研究领域或研究方向后，下一步的工作就是要进行文献查阅。收集、阅读文献是从事研究工作的第一步，也是选题的基础和立项依据。

通过图书馆的电子资源，学生可以方便地检索到相关研究领域的论文全文。在研读文献的过程中，不仅可以了解到该研究领域的研究历史和研究现状，还要关注在该研究领域中：有哪些研究较少或尚未研究、但很有意义的问题；有哪些研究的结果或结论具有很强的争论性或难以解释的问题；有哪些是可以在前人的研究基础之上进一步探索的。边读边思考，这些都可能启发和帮助学生找到自己关注的科学问题。

在研读文献过程中，注意分类、存档、做笔记。这样不仅有助于加深印象和理清思路，还可以为论文中引言部分的写作做准备。

6.1.2 小专题的选定

在认真研读大量文献后，自然会有很多想法，这时可以结合自己的研究兴趣和实习地区实际条件，确定自己的研究课题。一般来讲，小专题的选题一定要有意义，可以是具有一定理论意义的选题，也可以是具有一定的实践意义，或与社会需求密切相关的选题，或者是科技发展前沿的选题等。

植物科学选题示范：

【例1】××科(属)(××类群)的分类及分布调查

这类选题如果做裸子植物或被子植物调查，则不宜选择种类过少的科属，如做蕨类、苔藓、地衣和大型真菌的调查，则可详细调查实习地区所有种类及分布地点。注意要保留好每一个种的凭证标本。

【例2】××种内变异的调查及研究

这类选题应选择种内个体差异较大的某种植物为研究对象,首先确定其关键性状,然后研究这些性状的变异大小、变异范围,看是否超出种的界限,探讨所选择种的种内是否有分异,是否可划分不同种、亚种或变种。

【例3】××近缘种的物种生物学研究

这类选题应选择形态特征比较相近、外观不易区分的两个或多个物种进行研究,找出区别各个物种的关键性状及变异范围,明确每个种的界限。

【例4】××资源与开发利用调查

这类选题不能照搬已有的文献或研究记录,要求自己在野外发现有用的植物,探索它们各方面用途,如观赏、食用、原材料等,挖掘其潜在的经济或生态价值,也可调查某类经济植物的资源状况、分布及储量等。

【例5】植物与环境关系探讨

这类选题主要考察不同生态因子对植物的影响。如不同坡向或不同海拔的植物种类组成和植物群落结构常有差别,可选择一小山丘,或不同海拔的地点,详细调查,研究植物种类组成及分布与生态因子的关系。也可选择一种植物,研究其在不同环境条件下内部形态结构与生理功能的变化情况等。

【例6】动植物的协同演化关系探讨

这类选题可选择依靠昆虫传粉的植物,研究花的结构与传粉昆虫的关系。调查时首先解剖观察虫媒花的特殊结构,然后定点观察几朵花,注意统计访问昆虫的种类、行为,确定有效传粉昆虫,分析其结构与传粉的适应性。

6.2 小专题的实施

6.2.1 研究方案制定

研究方案是实验能否成功的根本保证。提前制定好研究方案可避免边做边想的随意,减少实验的盲目性,节约时间和成本,起到事半功倍的效果。研究方案要求详细、具体,制定时,应考虑下面几方面内容:

(1)明确研究目标:小专题的题目选定后,首先要明确自己的研究想要达到的目标或想要解决的问题。研究目标一定要明确,否则没有努力的方向;研究目标也不能太多,要集中;研究目标同时要求容易达成,不能遥不可及。

(2)界定研究内容:围绕目标的实现,将课题具体细化为可以直接着手的问题,指出将开展哪些研究,界定研究内容。研究内容要求一定要具体、层次分明、重点突出、与研究目标紧紧相扣,不做无用研究。

(3)选择研究材料(对象):根据研究内容,选择合适的研究材料(对象)。研究材料的选择要求必须容易获得或处理。

(4)设计研究方法:如果做比较研究,除设置处理外,一定要设对照,对照是比较的基础。例如,处理组可人为设置或选定某种影响因素,对照组除缺少人为设置的某种影响因素外,其他实验条件尽可能保持与处理组相同;处理和对照至少要各有 3 次重复;确定调查的各项指标,实测时每个数据在同一处理中也要求至少有 3 次重复,这样才具有可比性,才可做统计学处理,结果才令人信服。如果做调查研究,则要确定调查方法、调查指标,调查时坚持随机挑选样本的原则,避免带有倾向性地选择特殊样本,以免影响实验结果的客观性。

(5)准备所需仪器和耗材:所需要的实验条件要具备,特别是涉及相关仪器、耗材的实验,否则,实验就无法进行,即不做力不能及的研究。

(6)制定研究所需时间、进度和安排:野外实习时间有限,小专题研究一定要制定研究时间表,保证所做研究能在规定的时间内完成。

(7)考虑影响实验结果的其他因素:在研究中,经常会遇到很多意外,在方案设计时,就要把可能影响实验结果的各种意外因素考虑在内,想出遇到时的解决的办法。

研究方案设计好之后,全体研究人员应反复讨论修订,不断完善,以确定最终的实施方案。

6.2.2 研究方案实施

研究方案的实施可分两步走。首先要进行预备实验:预备实验是对研究方案进行试探性的、小规模的检验,其目的主要是检验实验设计的可行性,能否达到实验目标,以及探索影响实验结果的未知因素。如果实验方案不可行,则要抓紧时间另设方案;如果实验方案可行,下一步则可进行大规模的正式实验。大规模开展的正式实验应严格按照制定好研究方案实施,认真观察,做好数据记录,及时整理分析数据和资料,遇到问题可随时调整。

6.3 数 据 分 析

数据分析就是对通过实验所获得的大量原始数进行分类、判别和分析的过程。数据分析的目的是把隐没在大量数据中的信息萃取、提炼出来,找出内在规律。数据分析的程序如下:

(1) 明确分析目标:数据分析不是空洞的分析数据,必须紧密围绕研究内容,明确数据收集的目的,及通过数据分析所要解决的问题。

(2) 收集数据:数据的真实和充分是确保数据分析过程有效的基础。因此,数据在何时、何地、用什么手段采集、采集数量、如何记录等都需在实验方案中提前设计。同时还需采取有效措施尽量减少人为误差及虚假数据。所有数据都要妥善保存备查。

(3) 整理数据:可通过作图、制表或一些简单的数学计算如求平均值等手段初步整理实验数据,探索数据中暗含的一些信息或存在的一些规律。

(4) 分析数据:借助于各种数据处理软件如 Excel、SAS、Origin、SPSS、Matlab 等,进一步做方差分析和回归分析等,以说明结果的可靠性。相关内容可参考生物统计分析教材。

(5) 得出结论:基于数据分析结果,推断出总的结论。

6.4 论文撰写

为了便于研究成果的交流和传播,科技论文必须按照一定的格式去写。在写作上,要求语言简朴、准确;文字表达条理清楚、合乎逻辑;内容客观、真实,以事实和数据说话;文中所用的名词术语、数字、单位、各种符号的表述也要符合规范。一篇写作规范的科技论文,可以使一项研究成果完美地呈现在大家面前;相反,一篇写作不规范的科技论文,会被期刊编辑拒之门外,得不到发表,严重降低它的价值。因此,学生应该熟悉科技论文的写作方法。

一般来讲,一篇完整的科技论文包括:题目、作者署名、摘要、关键词、引言、正文(材料与方法、结果与分析)、结论与讨论、致谢、参考文献和附录等部分。

6.4.1 题目

题目是论文的总纲,是最能反映论文重要内容的最恰当、最简明的词语的逻辑组合。一般要求准确得体、简短精练、新颖醒目,给人以深刻印象。

论文题目在撰写时要注意避免以下常见错误或写法:

(1)论文题目过长。一般来讲,论文的题目最多不宜超过 20个字,如果字数实在过多,可以添加副标题,不仅可以减少主标题的字数,还可以补充说明论文的中心思想。

(2)用词不当。题目的用词要仔细斟酌,不能把相近的词连用,也不能使用非共知的缩略词语、代号、字母缩写等,更不能表述不清或产生歧义,同时在题目的写作时,不要使用动宾结构。例如"探究三籽两型豆与被缠植物和生境的关系",这是一个动宾结构,可改为偏正结构,"三籽两型豆与被缠植物和生境的关系的探究",也可以再精简一下,改为"三籽两型豆与被缠植物和生境的关系"。

(3)题名夸大、空洞。这是常见的写作错误。例如"植物与被攀植物和生境的关系",实际上文章中只研究了一种植物,因而原题目中用植物一词则显得过于泛指或笼统,应将所研究植物名称直接写到题目中,可改为"菟丝子与寄主植物和生境的关系"。

(4)慎用"机制"、"机理"等词语。题目的写作也要讲究分寸,不能有意或无意拔高,如果论文确实弄清了对某种机理或机制的研究,当然可以用。如果课题的研究深度并不大,或者仅仅是对某种规律或者现象做了一些解释,取名为"……的解释"、"……的初探"、"……的影响"比较恰当。

6.4.2 作者署名

作者署名有三层含义:文章一经发表,即表示署名者对该文章拥有了著作权,神圣不可侵犯;也表明署名者对文章负法律和科学责任,如果文章中存在剽窃或虚假研究,署名者要承担所有的后果;同时署名也是为了建立读者和作者之间的联系,如果读者有疑问想同作者探讨或请教,有了作者的署名则使之成为可能。

署名的对象只限于那些参与选定研究课题和制定研究方案、直接参加全部或主要部分研究工作并做出主要贡献的人员,还可包括参加论文撰写并能对内容负责、同时对论文具有答辩能力的人员。对于参加部分工作,或对研究工作有所帮助的人员不应署名。但应该将非主要贡献者在致谢中表示感谢。

署名时,要求必须用真实姓名,不能用笔名。个人单独完成的研究成果,则单独署名。大家共同完成的研究成果,则共同署名,署名时按照对研究工作的贡献大小依次排列,通常论文的执笔者排首位,如果作者来自两个不同的单位,则要分别标出。

署名的格式为:

作者 1 [1],作者 2 [1],作者 3 [2]

[1] 作者单位,通讯地址(包括城市、邮政编码、国家)

[2] 作者单位,通讯地址(包括城市、邮政编码、国家)

6.4.3 摘要

摘要是从全文中凝练出来的对论文的内容不加注释和评论的简短陈述。我们在查阅文献时,经常发现由于数量巨大,不能一一研读所有文献,只好通过阅读摘要,来最终决定是否有必要进一步阅读全篇。所以一篇好的摘要应该具有一定的独立性,并拥有与正文同等量的信息,即不阅读全文,也能获得必要的信息,使读者快速了解文章内容,这也是判断一段摘要好坏的标准。

摘要虽然位于文章篇首,但是应在全文写作完成之后撰写。通常摘要内容包括:研究目的、研究方法、主要的研究结果与结论的概要。研究目的和研究方法通常在摘要中用一两句话高度概括即可,写作的重点应放在研究的结果与结论上。

摘要写作时一般要求:

(1)用第三人称,不以"本人"、"作者"等做主语。通常只有一段。

(2)简短精练,明确具体,一般在 300 字左右。

(3)格式要规范。按照要求撰写,陈述自己的研究结果。切忌在摘要中举例、引用文献、与其他研究工作做比较。

(4)语言要规范,不用非共知共用的符号和术语,不能简单重复题名中已有的信息,不能罗列段落标题来代替摘要,不能出现图表、公式、化学结构式等内容。

(5)无需机械照搬"研究的目的是……","研究的方法是……","研究的结果是……"这样的语句。研究背景、研究意义有没有必要写,都要根据自己的文章实际情况和期刊的要求而定,不必千文一面。

学生在摘要的写作过程中,常犯的错误是缺少对研究结果的总结,同时不注意语言的凝练。例如下面的摘要:

题目 东灵山海拔和土壤含水量对瓣蕊唐松草种群特征的影响

摘要 海拔的变化会引起多种生态因子(包括光照、温度、水分等)的明显变化,从而影响植物的形态及分布特征。本文在前几年东灵山实习中对于瓣蕊唐松草的研究基础之上,对东灵山地区不同海拔、不同土壤水分含量环境下瓣蕊唐松草种群特征进行进一步的调查与研究。根据各个海拔梯度及土壤湿度下瓣蕊唐松草的株数、株高、节数、叶片叶绿素含量、鲜重及盖度分析其形态特征与分布特征,综合分析两个环境因子对瓣蕊唐松草的影响。

这一段摘要中,第一句话("海拔的变化……分布特征")稍显多余,可放入前言中。之后用了较长的篇幅介绍了研究的目的和方法("本文在前几年……的影响"),对研究结果则没有任何介绍。看完这样一个摘要,读者并没有获得多少有用信息,也不知道作者得到了什么研究结论,语言也不够精练。

下面一篇是实习中学生写得较好的摘要,供参考:

题名 四种蒿属植物对夜蛾驱避作用的初步研究

摘要 为找到具有有效驱虫作用的野生植物来取代化学药剂,研究了野艾蒿、白莲蒿、大籽蒿、蒙古蒿对夜蛾的驱避作用。对四种植物汁液涂抹后的幕布上夜蛾数量多少的统计分析表明:四种蒿属植物的提取液与对照相比均对夜蛾具有一定的驱避作用;蒙古蒿对夜蛾的驱避作用高于其他三种植物,但是持续性短;野艾蒿和大籽蒿对夜蛾的驱避作用持续性较好。

这一段摘要中,第一句话表明了研究的目的("研究了……驱避作用")和意义("为找到……化学药剂"),之后用不长的篇幅概述了研究的方法("对四种植物……统计分析表明")、结果和结论(冒号之后至末尾)。

6.4.4 关键词

关键词是为了满足文献标引或检索工作的需要而从论文中提炼出的词或词组。关键词的选择时应注意:

(1)在摘要完成之后,纵观全文选择,一般关键词在论文中出现的次数最多,或在论文的题目和摘要中都出现过。

(2)选择最能反映论文的主题内容的词语,一些无检索价值的词语不能作为关键词,如"技术"、"应用"、"观察"、"调查"等。

(3)数量一般 3~8 个,中英文关键词应一一相互对应。

(4)要使用规范的术语,化学分子式不能作为关键词,未被普遍采用或在论文中未出现的缩写词、未被专业公认的缩写词,也不能作为关键词。

6.4.5 引言

引言又称前言,是论文的总纲。目的是向读者交代本研究的来龙去脉,其作用在于唤起读者的注意,使读者对论文先有一个总体的了解。引言的写作是在阅读大量文献基础之上完成的,在引言中通常可以介绍以下几方面内容:

(1) 研究的理由、背景、目的和意义:研究的理由主要介绍为什么做这项研究,包括问题的提出、研究的对象是谁;研究的背景主要介绍前人对这个问题做了哪些研究,用了哪些方法,还存在哪些不足或争议,哪些还可以继续研究等;研究的目的主要介绍作者想做哪些研究,想解决什么问题,预期的结果及其适用范围等。

(2) 理论依据、实验基础和研究方法:如果研究中涉及某项理论、原理或方法的运用,可在引言中提及一笔,或注出有关的文献。如果要引出新的概念或术语,则应加以定义或阐明。

(3) 预期研究结果及其地位、作用和意义:在引言中也可以介绍预期研究结果,及该研究结果在相关领域的地位、作用、理论或实际意义。

在写作引言时,上述三方面没必要面面俱到,可根据自己研究的实际,有选择侧重。同时在写作引言时还要注意:

(1) 引言要写得深入浅出,即使正文可能只有专业人士才能读懂,引文也要写得让所有的非专业人士能够看明白。

(2) 在引言中不要介绍人所共知的普通专业知识,或教科书上的材料。如学生在写引言时,经常长篇累牍地介绍实习地区的自然或植被情况,或某一种研究植物的形态特征,则属多余;在引言中也不要推导基本公式。

(3) 不要对前人的论文或研究加以评论,贬低别人;也不要夸大自己论文的意义,注意避免使用一些自夸性词语,如"填补一项空白"、"达到科学顶峰或世界级先进水平"等。要如实地评述。

(4) 不要过于自谦或不自信,如"才疏学浅,疏漏谬误之处,恳请指教"、"不妥之处还望多提宝贵意见"等语句最好也不要出现。

下面介绍一篇写作比较好的引言,供学生参考:

题目 中国紫草科天芥菜亚科花粉形态及其系统学意义

引言 紫草科 Boraginaceae 天芥菜亚科 Heliotropioideae 在全世界共有 4 属 400 余种,广布于热带和温带地区,但在我国种类很少,只有 3 属 15 种,主要分布在我国南部、东南部及西南部,少数种类也分布到西北部的新疆地区(刘玉兰,1989)。该亚科植物多为一年生或多年生草本,稀为乔木、灌木或半灌木。【介绍了研究对象及其特征】

天芥菜亚科包括天芥菜属 *Heliotropium* L.、紫丹属 *Tournefortia* L. 和砂引草属 *Messerschmidia* L. 等 3 属。Erdtman(1952)曾简单描述过 *Heliotropium villosum* Willd.、*Tournefortia arguzia*(L.)Roem 和 *T. fruticosa* L. 3 种花粉;王伏雄等(1995)也描述了天芥菜属的大尾摇 *Heliotropium indicum* L. 和 *H. seruschanicum* M. Pop,砂引草属的 *Messerschmidia sibirica* L. 以及紫丹属的 *Tournefortia sibirica* L. 等。此外,Nowicke 和 Skvarla(1974)对本亚科紫丹属的花粉做了比较全面的研究,Clarke(1977)比较详细地描述了天芥菜 *H. europaeum* L. 的花粉。其他尚未见全面系统的报道,尤其对分布于我国的属种至今未见系统报道。【介绍前人的研究工作,及其存在的问题,说明本研究的背景】

本文用光学显微镜和扫描电子显微镜系统研究了产于我国的本亚科 3 属 9 种植物花粉形态,为深入探讨紫草科的分类问题提供花粉形态学资料,也为地层中有关化石花粉的鉴定提供对比依据。【本研究的研究内容及意义】

6.4.6 材料与方法

材料部分主要介绍实验材料的来源、性质和数量,以及实验材料的选取和处理等。方法部分主要对实验仪器、实验设备、实验过程、测试方法或操作步骤等做介绍。材料与方法的阐述必须具体、真实,以方便科学同行重复实验,对论文结果加以验证。此部分在叙述时,只需叙述事实,不必做任何解释。

6.4.7 结果与分析

结果与分析是论文的核心,是体现研究成果和学术水平的关键,包括给出研究结果,并对结果进行定量或定性的分析。

图和表是结果与分析中的重要组成部分,给出结果时,可借助于图或表等手段整理实验结果,通过数理统计和误差分析说明结果的可靠性、可重复性和普遍性。分析结果时要围绕研究目标,做到理论联系实际,如可将实验结果与理论结果做比较,说明研究结果的适用对象及范围,或将实验结果与客观现实相互印证,找出存在规律及问题等。总之,不要只看数据表面,要透过数据找到数据变化背后所反映出来的规律或本质,这是非常关键的。此外,对于一些偏离常态或与自己意图不符的现象或数据,在此也可以加以分析,说明其可靠或者不可靠的原因。对实验过程中所存在的不足或问题,在结果与分析中也可加以说明,以供读者借鉴。结果与分析写作时还要注意:

(1) 所给出的研究结果必须是作者本人的,不要引用他人数据。

(2) 不要把所有的原始数据都和盘托出。

(3) 整理时切忌伪造数据,也不能只挑选符合自己意图的数据,而随意舍去与自己意图不符或相反的数据。但是,不符合统计学要求的数据或异常数据可以舍去,如有一组植株高度数据:30 cm、33 cm、28 cm、37 cm、105 cm,则可将数据"105 cm"舍去。

(4) 图和表的设计要做到突出重点,表述简洁。在论文中插入图和表时,还要注意以下几点:

① 根据内容需要选取合适的图或表形式。注意在图上标出注横、纵坐标;表则一般使用三线表,表头的设计要简明。

② 图或表的数目不宜过多:原则是一般能用文字表述清楚的,应用文字叙述,用文字不容易说明白或表述不清时,才由图或表来代替。

③ 图或表应随文插入,放在一段文字之后,并分别用阿拉伯数字连续编号。如"图1"、"图2"、"图3","表1"、"表2"、"表3"等。不要直接放在文章标题的后面。

④ 每个图或表都应有图题或表题。图题或表题是描述图或表的简短词语,图题一般位于图的下面,表题一般位于表的上面。

图表的修改举例:

这是在学生的论文中摘出的一段,存在的问题主要有:数据重复,对同一组数据既做表格又做图(表6-1,图6-1);表格不规范,对数据没有做方差分析;在图上没有标明横纵坐标代表什么。

表 6-1　海拔对植株形态及种群特征的影响

海拔梯度/m	平均鲜重/克	平均株高/cm	植株平均节数	平均叶绿素含量	盖度/%
1 000	11.1	78.4	8.3	36.9	19.7
1 400	13.7	79.2	7.7	34.7	17.7
1 500	4.3	59.7	7.7	30.6	5
1 600	5.9	76.5	7.9	32.2	11
1 800	2.5	49.4	7.4	35.5	18.5
1 900	7.8	41.1	6.6	38.8	20

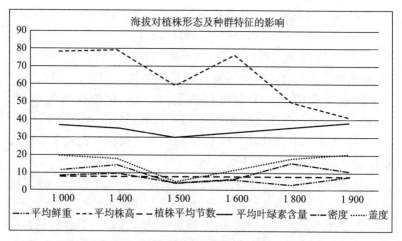

图 6-1　海拔对植株形态及种群特征的影响

修改方法:删除多余的折线图,将表格改为三线表。修改后表格如下(表 6-2)(注:未作方差分析):

表 6-2　海拔对植株形态及种群特征的影响

海拔(m)	平均鲜重(g)	平均株高(cm)	平均节数	平均叶绿素含量(%)	盖度(%)
1 000	11.1	78.4	8.3	36.9	19.7
1 400	13.7	79.2	7.7	34.7	17.7

海拔(m)	平均鲜重(g)	平均株高(cm)	平均节数	平均叶绿素含量(%)	盖度(%)
1 500	4.3	59.7	7.7	30.6	5
1 600	5.9	76.5	7.9	32.2	11
1 800	2.5	49.4	7.4	35.5	18.5
1 900	7.8	41.1	6.6	38.8	20

6.4.8 结论与讨论

结论与讨论部分的写作不是研究结果的简单重复,这是学生最常见的写作错误。结论是整篇论文的最后总结,是在结果与分析的基础之上,通过对研究结果进行理论和综合分析,从中总结出的具有普遍性的科学结论,是研究结果的进一步升华。结论写作时要注意:简明扼要,观点鲜明,用实验数据或结果说话,不用"可能"或"大概"等模棱两可的词语,同时实验中无法肯定的内容不能写入。

讨论的写作内容可包括以下几个方面:本研究结果说明了什么问题,对前人的研究工作做了哪些修正、补充、发展;自己的本次研究结果与过去其他相近研究结果有什么异同,解释产生不同的原因,提出自己的见解;自己的本次研究有哪些不足,存在哪些尚未解决或难以解决的问题,提出进一步研究的设想或建议等。讨论或建议不是科技论文的必要组成部分,如果没有什么可讨论的,也没有什么建议,则不必画蛇添足,仅仅总结自己的结论即可。如下面例子:

题目 鼎湖山9种常见数目细根组织N浓度的季节变化

结论 亚热带森林生态系统中,9个树种细根形态特征存在较大差异。大多数树种的低级根(主要是一、二级根)N浓度在不同的季节间变化并不强烈,而三、四级根季节变化最大。不同的树种,其各级根N浓度季节变化的趋势也各不相同。【总结研究结论】整体而言,与温带树种低级根N浓度呈现显著季节变化的格局截然不同,研究中亚热带树种的低级根N浓度缺乏显著的季节变化格局。

导致这种差异的原因可能包括亚热带树种尤其是常绿树种在 N 利用方面缺乏明显的季节性、土壤 N 供应缺乏明显的季节性、根系中 N 在不同根级之间的分配、储藏和转移可能表现出与温带树种不同的格局等。【说明本研究结果与前人研究结果存在不同,并分析原因】未来的研究中,应深入探讨不同气候带下树木各个器官中 N 浓度的季节变化格局与树木 N 储存和分配,以及与生态系统 N 循环模式之间的关系。【进一步的研究建议】

6.4.9 致谢

在致谢部分,首先要感谢为实验提供经费资助的单位或个人,同时对于实验中或撰写论文时给予帮助的团体或个人,依贡献大小分别加以说明。例:

题目　乌拉甘草的三个新异名

致谢　本研究由国家自然科学基金资助(No. 30570117)。感谢英国邱园皇家植物园为我们邮寄标本;感谢俄罗斯科马洛夫植物植物研究所标本馆、中国科学院植物研究所标本馆、北京师范大学生物系植物标本室为我们查阅标本提供方便;感谢石河子大学××教授和××硕士为我们野外考察提供热情帮助。

6.4.10 参考文献

参考文献著录是论文写作中常为学生所忽视的一项重要工作。在论文的写作过程中,凡是引用前人的观点、数据等,都要对它们在文中出现的地方予以标明,并在文末列出参考文献表,以表示对前人研究结果的尊重。如果直接引用别人观点或原话而未做任何说明,则有剽窃之嫌。引用文献时注意在正文中引用的参考文献,应与文后参考文献表中的文献一一对应引用。

参考文献的著录,不同期刊要求不尽相同,学生写作时可根据投稿目标期刊的具体格式要求著录。这里介绍一种"著者－年代制"的著录方法,也是目前最简单、常用的一种方法。

1. 参考文献在正文中的引用方法

(1) 直接引用他人观点或成果,在其后括号内标注作者姓名和

出版年代,二者之间用逗号隔开。例如:

早期的研究者(Heywood,1969)认为……【一个作者的文献在文中引用格式】

……的最普遍方法(马克平和陈灵芝,1999)【两个作者的文献在文中引用格式】

……发现气候变化会导致物种分布区变化(Lenoir et al.,2008)【多个作者的文献在文中引用格式】

(2) 文献如在正文叙述中引用,在被引用的作者姓名之后,紧接圆括号标注文献出版年代。一般国外姓名只标注作者姓氏,如只标注姓氏容易混淆时,可标注全名,国内作者一般要标注全名。例如:

Heywood(1969)提出……【一个作者的文献引用】

马克平和陈灵芝(1999)探讨了……【两个作者的文献引用】

在欧洲,Lenoir 等(2008)通过比较……【多个作者的文献引用】

(3) 引用多篇文献,按出版年代先后排列,每篇文献之间用分号。例如:

……层出不穷(Elith et al.,2006;Lawler et al.,2006;Wisz et al.,2008)

(4) 同一作者文献在文中同一处引用,不同年代间用逗号分开,按年代先后排列。例如:

对……进行了系统的研究(邵小明,2010,2011,2012)

2. 参考文献在文后的著录标准规范

参考文献在文后的著录参考格式如下:

(1) 引用期刊中文献格式:作者1,作者2,作者3,发表年份. 文章名称. 发表刊物,卷(期):页码范围.

例:林金安,贺新强,2000. 毛竹茎细胞壁半纤维素多糖的免疫细胞化学定位研究. 植物学通报,17:466 – 469.

(2) 引用中文专著格式:作者,出版年份. 书名. 出版地:出版社. 页码.

例:潘瑞炽,2004. 植物生理学. 5 版. 北京:高等教育出版社. pp. 232 – 245.

（3）引用学位论文格式：作者,出版年份. 题名. 保存地:保存单位. 页码.

例:蒋延玲,2000. 全球变化的中国北方林生态系统生产力及其生态系统公益. 博士论文. 北京:中国科学院植物研究所. pp. 102 - 119.

（4）引用论文集或专著中文献格式：作者,出版年. 题名. 见(In):编者. 文集名. 出版地:出版者. 在原文献中的位置.

例:林泉,1998. 色素基因的表达和调控. 见:许智宏,刘春明主编. 植物发育的分子机理. 北京:科学出版社. pp. 107 - 119.

（5）引用网络资源格式：作者,文献在网时间(如果网页上未显示,省略),文献名称. 网络地址(浏览日期).

例:周志华:"如何做研究,如何写论文",http://wenku. baidu. com/view/070e5dea5518 - 10a6f5248605. html(2011/11/22).

"Power Point 的使用技巧",http://wenku. baidu. com/view/f032b1c30c22590102029 - d37. html(2011/11/22).

6.4.11 附录

附录是对论文主体的补充,并不是必需的。附录一般包括如下内容:①比正文更为详尽的理论根据、研究方法和技术要点更深入的叙述,建议可以阅读的参考文献题录,对了解正文内容有用的补充信息等;②由于篇幅过长或取材于复制品而不宜写入正文的资料;③不便于写入正文的罕见珍贵资料;④一般读者并非必要阅读,但对本专业同行很有参考价值的资料如植物调查名录;⑤某些重要的原始数据、数学推导、计算程序、框图、结构图、统计表、计算机打印输出件等。

附录段置于参考文献表之后,依次用大写正体 A、B、C…编号。

6.5 成果展示与交流

一个好的科研成果,不能为大众所了解、接受,就无法完全体现其价值。成果展示与交流是体现研究成果价值的一个重要方面。

成果的展示与交流可以通过多种途径实现,如报告会的举行、文章的发表、论文集的出版等。

6.5.1 举行学术报告会

报告会是面对面交流的平台,如何在有限的时间里向听众充分介绍自己的研究成果,是每一个研究者需要认真琢磨的课题。作学术报告不同于宣读研究论文,不能从引言到结论全面叙述,要清晰明了,主次分明。下面将作学术报告时需要注意的一些细节问题总结如下:

(1)内容筛选:学术报告一般首先要向听众介绍研究背景、研究目标、研究内容,要求一定简明扼要;实验方法略讲或者不讲;研究结果和讨论可以相结合讲,有叙有论、论叙结合,环环相扣、引人入胜。

(2)幻灯片制作:以15分钟的报告为例,幻灯片最多不要超过20张;尽量少用数字多用图,因为图比数字更直观;避免大段的文字,需要文字的地方要尽量精简或只列提纲;不要设计过多动画形式,以免浪费时间;版面设计简洁、沉稳,切忌花哨。

(3)时间控制:一般学术报告都有时间要求,按照约一分钟讲一张幻灯片的标准,准备报告内容,报告时灵活机动,掌握报告时间,坚决不能超时。

(4)语速控制:有的学者为了在有限的时间内向听众介绍更多的研究内容,语速很快,结果适得其反,听众一头雾水,达不到交流的目的。报告时要口齿清晰、中气十足、语速适中。

(5)仪态:仪态大方,用手势或眼神与听众进行交流;同时还要注意使用激光笔时,激光笔的光点指示与讲话内容应高度一致,切忌胡乱晃动,使人眼花缭乱。

(6)试讲:一般做好幻灯片后,要自己试讲一至多遍,可请同学、朋友做听众,这样才能在做报告时更为熟练、精彩。

6.5.2 制作论文集

每年定期将全班撰写科技小论文收集整理,制成电子论文集,供学生相互学习,并打印一份备案保存。

6.5.3 发表科技论文

专题论文获评优秀者,经老师推荐并进一步修改完善后,可投稿到专业学术期刊,如各类植物研究、植物学报等。若论文最后得以发表就可以让同行知道该项研究成果,从而促进该研究成果的推广和交流。

主要参考文献

尹祖棠,刘全儒. 种子植物实验及实习. 3版. 北京:北京师范大学出版社, 2009.

周云龙. 孢子植物实验及实习. 3版. 北京:北京师范大学出版社,2009.

樊守金,赵遵田. 植物学实习教程. 北京:高等教育出版社,2010.

魏学智. 植物学野外实习指导. 北京:科学出版社,2008.

赵宏. 植物学野外实习教程. 北京:科学出版社,2009.

彭友林. 植物学野外实习教程. 长沙:湖南科学技术出版社,2008.

冯富娟. 植物学野外实习手册. 北京:高等教育出版社,2010.

王荷生. 华北植物区系地理. 北京:科学出版社,1997.

赵济. 中国自然地理. 北京:高等教育出版社,1995.

北京市林业局. 松山自然保护区考察专集. 哈尔滨:东北林业大学出版社,1990.

王九中. 百花山植物. 北京:气象出版社,2008.

陈丁和. 安全防护与救护知识. 徐州:中国矿业大学出版社,2005.

高俊敏,等. 野外生存与防身自救. 北京:军事谊文出版社,2004.

约翰·怀斯曼. 生存手册. 李冰,倪明,译. 北京:华文出版社,1999.

中国植物志编辑委员会. 中国植物志. 北京:科学出版社,1959－2008.

贺士元,邢其华,尹祖堂. 北京植物志. 北京:北京出版社,1992.

李兴昌. 科技论文写作讲义. http://wenku. baidu. com/view/3c41c141336-c1eb91a375d30. html(2011/11/22).

中文名索引

学 名 索 引

学 名 索 引